# GPT-4o
## 极简入门与绘画大全

李良基 肖灵煊 曹方咏峥 ◎著

电子工业出版社
Publishing House of Electronics Industry
北京·BEIJING

## 内 容 简 介

现在，AI与多模态技术快速发展，高效创作优质视觉内容已成为核心竞争力，OpenAI推出的GPT-4o为此提供了全新解决方案。本书系统整合一线实战经验，详细讲解GPT-4o从基础操作到多领域应用的108个实战案例、50种绘画风格及6大商业变现路径，并提供全面、详尽的提示词模板与示例，还讲解如何结合DeepSeek优化提示词，可帮助读者缩短创作周期，实现"懒人直出"。

本书总计7章。第1章讲解GPT-4o使用须知，包括其特性解读、中英文界面切换方法、提示词生成及图像细节重绘方法、如何减少中文乱码，等等。第2～5章深入讲解GPT-4o在创意玩法、教育培训、商业应用、设计创作这四大核心领域的创新应用。第6章系统整理GPT-4o的50种常用绘画风格。第7章完整演示AI视频创作的流程，从主题确定到分镜脚本生成，再到视频片段生成，并最终完成视频剪辑，可帮助读者熟悉专业级的AI视频创作方法。

无论你是艺术爱好者、设计师、内容创作者、电商运营者、教育工作者，还是短视频创作者，本书都能为你提供即学即用的AI解决方案。

未经许可，不得以任何方式复制或抄袭本书之部分或全部内容。
版权所有，侵权必究。

**图书在版编目（CIP）数据**

GPT-4o极简入门与绘画大全 / 李艮基等著. —— 北京：电子工业出版社, 2025. 6. —— ISBN 978-7-121-50232-3

Ⅰ．TP391.413

中国国家版本馆CIP数据核字第2025RM0299号

责任编辑：张国霞
印　　刷：中国电影出版社印刷厂
装　　订：中国电影出版社印刷厂
出版发行：电子工业出版社
　　　　　北京市海淀区万寿路173信箱　　邮编：100036
开　　本：880×1230　1/32　印张：6.375　字数：204千字
版　　次：2025年6月第1版
印　　次：2025年6月第1次印刷
印　　数：3000册　　定价：69.00元

凡所购买电子工业出版社图书有缺损问题，请向购买书店调换。若书店售缺，请与本社发行部联系，联系及邮购电话：（010）88254888，88258888。
质量投诉请发邮件至zlts@phei.com.cn，盗版侵权举报请发邮件至dbqq@phei.com.cn。
本书咨询联系方式：faq@phei.com.cn。

# 前言

当前，数字化与AI技术飞速发展，优质的视觉内容与创新表达已成为个人创作与企业竞争的核心能力。2024年5月，OpenAI发布了新一代多模态旗舰模型GPT-4o，支持对文本、音频、图像的实时交互处理，其视觉能力还可扩展至视频创作领域。与此同时，国产大模型DeepSeek凭借提示词优化与多模态技术，为高效AI协作提供了专业支持。本书正是在此市场需求与技术变革的双重推动下应运而生的。

本书作者对从灵感到产出之间的鸿沟深有体会：传统的设计与手绘耗时耗力，而充分发挥AI潜能又需要掌握系统化的提示词策略。为此，基于作者多年的一线项目经验，本书汇集了GPT-4o多模态绘画技巧、DeepSeek提示词优化方法及跨行业的视觉创意案例，旨在帮助读者实现以下目标。

- 快速上手：轻松掌握GPT-4o的基础功能，实现中英文界面无缝切换。
- 灵活创作：依据提示词模板与示例，在创意玩法、教育培训、商业应用、设计创作及AI视频创作等场景中自主调整参数，激发创作灵感。
- 提升效率：借助DeepSeek的提示词优化功能，缩短从构思到成品的周期，专注于创意本身。

- **持续迭代**：遵循迭代原则，逐步完善提示词和优化输出的内容，提升作品质量。

本书为读者提供了全面的GPT-4o使用指南，涵盖基础操作与创意玩法、教育培训、商业应用、AI视频创作等领域的深度实践。通过学习本书，读者将快速掌握GPT-4o的应用技巧，开启智能创作的新篇章。

让我们共同探索多模态时代的无限可能！

# 目录

## 第1章　GPT-4o使用须知 ·············································· 001

- 1.1　GPT-4o是什么 ················································· 001
- 1.2　免费版和付费版的区别 ······································ 002
- 1.3　将英文界面改为中文界面 ··································· 004
- 1.4　使用GPT-4o绘画的两种方式 ······························ 008
- 1.5　如何高效生成提示词 ········································· 010
- 1.6　使用DeepSeek生成GPT-4o绘画提示词 ················ 012
  - 1.6.1　基础优化 ················································ 012
  - 1.6.2　风格转换 ················································ 015
  - 1.6.3　专业领域转换 ·········································· 017
  - 1.6.4　"懒人直出"转换 ····································· 018
- 1.7　提示词高级生成技巧 ········································· 021
  - 1.7.1　反推提示词 ············································· 021
  - 1.7.2　从Sora上"取经" ····································· 022
- 1.8　图像细节重绘 ·················································· 023
- 1.9　如何减少中文乱码 ··········································· 026
- 1.10　如何向GPT-4o上传图像 ··································· 029
- 1.11　GPT-4o的绘画缺陷 ········································· 030
- 1.12　六种有效的AI作品变现路径 ······························ 033
  - 1.12.1　新媒体平台 ············································ 034
  - 1.12.2　设计社区 ··············································· 035
  - 1.12.3　周边定制平台 ········································· 035
  - 1.12.4　电商或版权分销平台 ································ 036
  - 1.12.5　教育培训平台 ········································· 037
  - 1.12.6　面向专业领域的概念草图服务 ···················· 037

## 第2章 创意玩法 ········· 039

2.1 四格漫画 ········· 039
2.2 漫画头像 ········· 042
2.3 Q版贴纸 ········· 044
2.4 表情包 ········· 046
    2.4.1 静态表情包 ········· 046
    2.4.2 动态表情包 ········· 048
2.5 线稿提取和上色 ········· 050
    2.5.1 线稿提取 ········· 050
    2.5.2 线稿上色 ········· 051
2.6 风格迁移 ········· 053
2.7 元素替换和融合 ········· 054
    2.7.1 元素替换 ········· 054
    2.7.2 元素融合 ········· 055
2.8 修改背景 ········· 058
    2.8.1 增加背景 ········· 058
    2.8.2 去除背景 ········· 059
2.9 将2D图转为3D图 ········· 061
2.10 将3D图转为3D灰度图 ········· 062
2.11 修复老照片 ········· 063
2.12 虚构现实 ········· 064
2.13 微缩城市景观 ········· 067
2.14 微缩Q版场景复刻 ········· 069
2.15 Q版求婚场景 ········· 072
2.16 Q版中式婚礼图 ········· 073
2.17 3D情侣珠宝盒设计 ········· 075
2.18 Q版3D水晶球 ········· 077
2.19 立体相框 ········· 078
2.20 角色穿越传送门 ········· 079
2.21 乐高收藏品 ········· 080

## 第3章 教育培训 ········· 082

3.1 课程目录配图 ········· 082

| | | |
|---|---|---|
| 3.2 | 在线课程封面 | 084 |
| 3.3 | 涂鸦或草图变彩图 | 085 |
| 3.4 | 古诗词插图 | 087 |
| 3.5 | 课文配图 | 088 |
| 3.6 | 黑板报 | 089 |
| 3.7 | 知识点插画 | 091 |
| 3.8 | 公式的趣味展示 | 093 |
| 3.9 | 思维导图 | 094 |
| 3.10 | 可视化图表 | 096 |
| 3.11 | 培训海报 | 098 |
| 3.12 | 数字证书 | 100 |
| 3.13 | 奖励徽章 | 101 |

## 第4章 商业应用 ......... 102

| | | |
|---|---|---|
| 4.1 | 微信公众号头图 | 102 |
| 4.2 | 知识星球头图 | 103 |
| 4.3 | 电子书封面 | 105 |
| 4.4 | 小红书封面 | 106 |
| 4.5 | 视频封面 | 107 |
| 4.6 | 直播预告海报 | 108 |
| 4.7 | 白底商品图 | 109 |
| 4.8 | 促销活动图 | 110 |
| 4.9 | 数字人形象 | 111 |
| 4.10 | 广告分镜脚本 | 112 |
| 4.11 | 品牌宣传海报 | 113 |
| 4.12 | 社交媒体广告图 | 114 |
| 4.13 | 产品宣传册 | 115 |
| 4.14 | 活动邀请函 | 117 |
| 4.15 | 企业报告封面 | 118 |
| 4.16 | 复古宣传海报 | 119 |
| 4.17 | 时尚杂志封面 | 120 |
| 4.18 | Emoji簇绒地毯 | 121 |
| 4.19 | Emoji雪糕 | 122 |
| 4.20 | Emoji丝绸物品 | 123 |

4.21　Emoji靠垫 ································································· 124
4.22　定制钥匙链 ······························································· 125
4.23　可爱的珐琅别针 ························································ 126

# 第5章　设计创作 ···································································· 128

5.1　Logo ············································································ 128
5.2　字体 ············································································ 130
5.3　名片 ············································································ 132
5.4　海报 ············································································ 133
5.5　图标 ············································································ 134
5.6　UI界面 ········································································ 135
5.7　原型图 ········································································ 136
5.8　食谱图 ········································································ 137
5.9　首饰 ············································································ 139
5.10　样机贴纸 ··································································· 141
5.11　手办 ·········································································· 142
5.12　盲盒 ·········································································· 144
5.13　包装 ·········································································· 146
5.14　周边产品 ··································································· 148
5.15　室内装修 ··································································· 150
5.16　IP三视图 ··································································· 152
5.17　RPG数字角色卡 ························································ 155
5.18　物理破坏卡片 ···························································· 156
5.19　个性化房间设计 ························································ 158
5.20　指定形状的书架 ························································ 159

# 第6章　GPT-4o的常用绘画风格 ············································· 161

6.1　传统风格 ···································································· 161
　　6.1.1　水彩画 ···························································· 162
　　6.1.2　油画 ································································ 162
　　6.1.3　素描 ································································ 162
　　6.1.4　彩铅 ································································ 163
　　6.1.5　东方水墨 ························································ 163

6.1.6 手绘 ........................................... 163
  6.1.7 木刻画 ....................................... 164
  6.1.8 粉彩 ........................................... 164
  6.1.9 线条艺术 ................................... 164
  6.1.10 壁画 ......................................... 165
6.2 现代流派风格 ...................................... 165
  6.2.1 写实主义 ................................... 165
  6.2.2 印象派 ....................................... 166
  6.2.3 后印象派 ................................... 166
  6.2.4 表现主义 ................................... 166
  6.2.5 抽象艺术 ................................... 167
  6.2.6 现代抽象 ................................... 167
  6.2.7 极简主义 ................................... 167
  6.2.8 新艺术运动 ............................... 168
  6.2.9 几何艺术 ................................... 168
  6.2.10 现代写意 ................................. 168
6.3 卡通风格 .............................................. 169
  6.3.1 吉卜力 ....................................... 169
  6.3.2 迪士尼 ....................................... 169
  6.3.3 赛璐珞 ....................................... 170
  6.3.4 手绘漫画 ................................... 170
  6.3.5 黑白漫画 ................................... 170
  6.3.6 现代漫画 ................................... 171
  6.3.7 游戏美术 ................................... 171
  6.3.8 美式漫画 ................................... 171
6.4 数字3D艺术风格 .................................. 172
  6.4.1 数字插画 ................................... 172
  6.4.2 3D渲染 ....................................... 172
  6.4.3 概念艺术 ................................... 173
  6.4.4 像素艺术 ................................... 173
6.5 超现实风格 .......................................... 173
  6.5.1 赛博朋克 ................................... 174
  6.5.2 蒸汽朋克 ................................... 174

6.5.3 未来主义 …… 174
6.5.4 科幻 …… 175
6.5.5 霓虹 …… 175
6.5.6 超现实主义 …… 175
6.5.7 梦幻童话 …… 176
6.5.8 神秘主义 …… 176
6.5.9 极光 …… 176
6.5.10 生物机械朋克 …… 177
6.6 街头复古风格 …… 177
6.6.1 波普艺术 …… 177
6.6.2 现代波普艺术 …… 178
6.6.3 复古 …… 178
6.6.4 怀旧 …… 178
6.6.5 潮流涂鸦 …… 179
6.6.6 时尚插画 …… 179
6.6.7 艺术拼贴 …… 179
6.6.8 复古嘻哈 …… 180

# 第7章 AI视频创作 …… 181

7.1 确定主题 …… 181
7.2 用DeepSeek撰写分镜脚本 …… 182
7.3 确定格式 …… 184
7.4 确定视频风格 …… 185
7.5 用GPT-4o生成分镜图 …… 186
7.6 用即梦生成视频片段 …… 190
7.7 用剪映进行后期剪辑 …… 194

# 第 1 章

# GPT-4o 使用须知

## 1.1 GPT-4o 是什么

GPT-4o是OpenAI于2024年5月发布的一种多模态大模型，属于GPT-4大模型系列中的旗舰级大模型，如图1-1所示。GPT-4o的功能对所有用户免费开放，但对ChatGPT免费账号有使用次数限制。

图1-1

GPT-4o在GPT-4的基础上，引入了多模态功能，能够处理文本、音频、图像和视频等内容，并输出相应的内容。GPT-4o中的"o"代表全方位（omni），强调其具备声音和视觉功能的多模态特性。

GPT-4o的功能如图1-2所示。

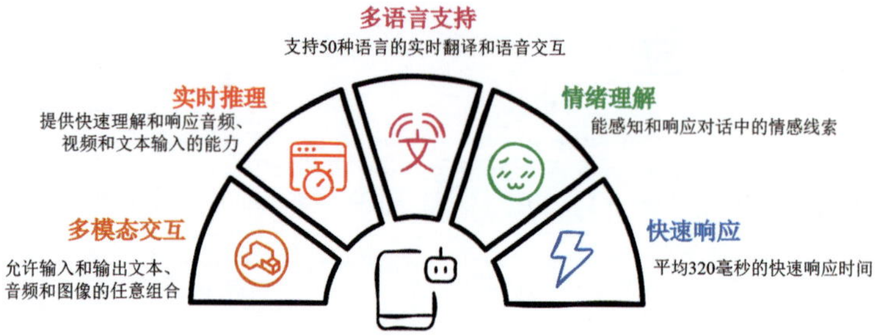

**多语言支持**
支持50种语言的实时翻译和语音交互

**实时推理**
提供快速理解和响应音频、视频和文本输入的能力

**情绪理解**
能感知和响应对话中的情感线索

**多模态交互**
允许输入和输出文本、音频和图像的任意组合

**快速响应**
平均320毫秒的快速响应时间

图1-2

GPT-4o的性能如图1-3所示。

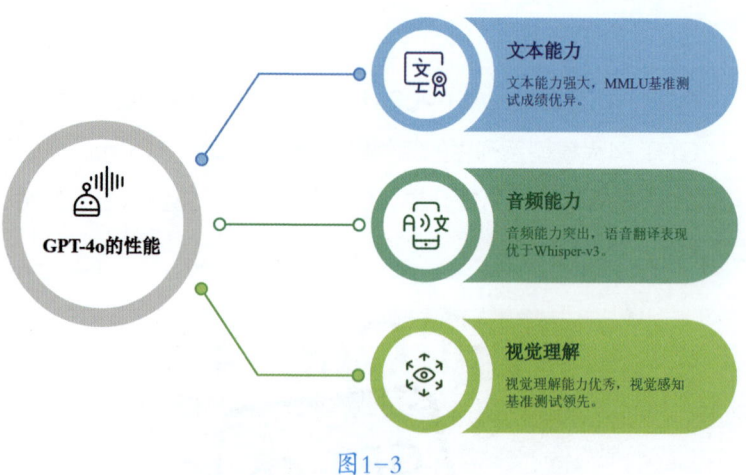

**GPT-4o的性能**

**文本能力**
文本能力强大，MMLU基准测试成绩优异。

**音频能力**
音频能力突出，语音翻译表现优于Whisper-v3。

**视觉理解**
视觉理解能力优秀，视觉感知基准测试领先。

图1-3

## 1.2 免费版和付费版的区别

GPT-4o官网介绍了GPT-4o免费版和付费版的区别，如图1-4所示。

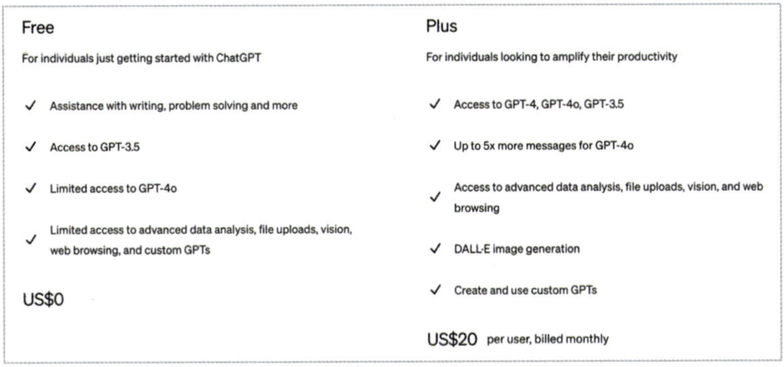

```
Free
For individuals just getting started with ChatGPT

✓ Assistance with writing, problem solving and more

✓ Access to GPT-3.5

✓ Limited access to GPT-4o

✓ Limited access to advanced data analysis, file uploads, vision,
  web browsing, and custom GPTs

US$0


Plus
For individuals looking to amplify their productivity

✓ Access to GPT-4, GPT-4o, GPT-3.5

✓ Up to 5x more messages for GPT-4o

✓ Access to advanced data analysis, file uploads, vision, and web
  browsing

✓ DALL·E image generation

✓ Create and use custom GPTs

US$20 per user, billed monthly
```

图 1-4

下面从功能、性能、使用限制和其他方面介绍 GPT-4o 免费版和付费版的区别。

（1）功能方面

- **免费版**：提供了基本的多模态交互功能，能够处理文本、音频、图像等内容，并输出相应的内容，满足用户日常的操作需求。例如，能够进行简单对话、文本生成、图像识别等操作。

- **付费版**：除提供了免费版的功能外，还提供了更多的高级功能。例如：更精确的语义理解功能，能够更准确地理解复杂的提示词和语义细节；更丰富的文本生成选项，能够生成更高质量、更具创意和多样性的文本内容；更快的处理速度，能够更快地响应用户的请求。

（2）性能方面

- **免费版**：性能相对有限，处理速度可能较慢，尤其在面对大量数据或复杂的任务时，准确性和响应速度可能稍逊一筹。

- 付费版：拥有更强大的计算能力和更高效的算法，能够更快地处理输入的大量内容，并输出更准确的内容，更适合需要处理大量数据或追求高效率的用户。

（3）使用限制方面

- 免费版：存在一些使用限制。例如：每日处理的请求数量有限制，在达到使用上限后将自动切换到GPT-3.5；文本长度也可能有限制，影响长文本处理效果。
- 付费版：提供了更灵活的使用选项，用户可以根据自己的需求选择适合的服务级别，享受更高的处理效率和更少的使用限制。

（4）其他方面

- 免费版：用户虽然可以访问GPT Store，但无法创建自己的GPT，这一功能仍保留给付费用户使用。
- 付费版：消息限制更少，能够更好地满足用户频繁使用的需求。

## 1.3　将英文界面改为中文界面

打开ChatGPT App或者其官网，登录自己的账号，如图1-5所示。可以通过本书封底的"读者服务"，了解如何注册ChatGPT账号。

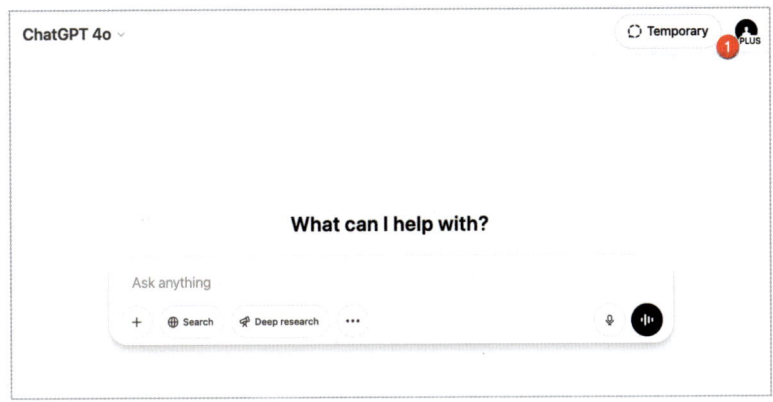

图1-5

若想将英文界面变为中文界面,则可单击图1-5所示右上角的图标,在弹出的页面中单击Settings菜单项,如图1-6所示。

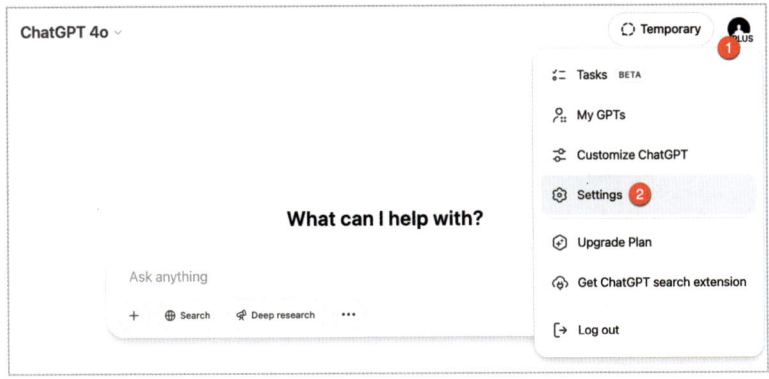

图1-6

进入Settings(设置)页面,找到Language菜单项,如图1-7所示。

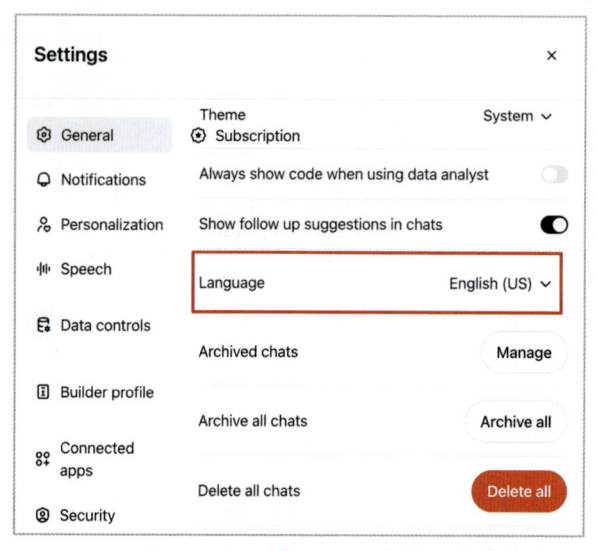

图1-7

单击Language菜单项右侧的"English(US)",在弹出的下拉框中找到"简体中文"选项并单击,如图1-8所示。

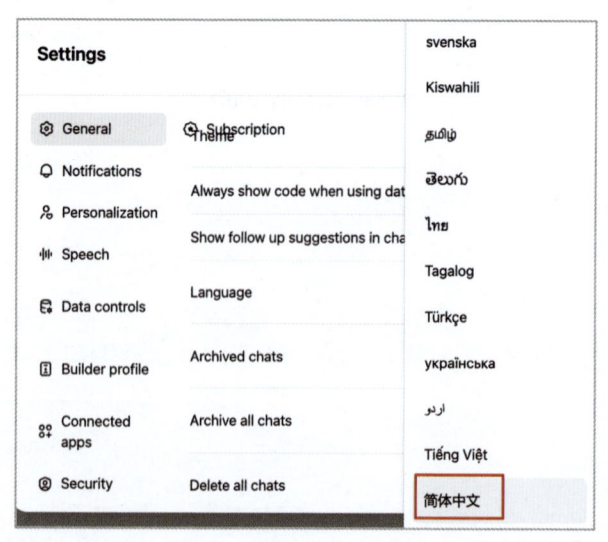

图1-8

英文界面就会变为中文界面，如图1-9所示。

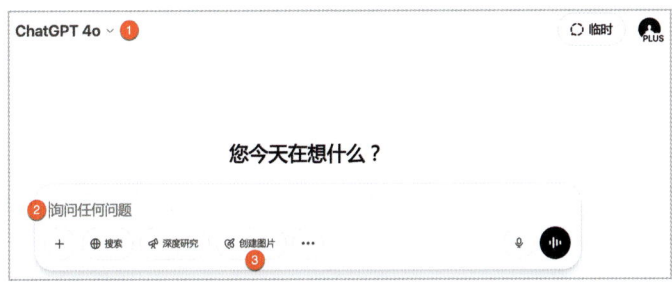

图1-9

OpenAI官方提供了多种大模型，在登录ChatGPT App或者其官网后，默认使用的大模型可能不是GPT-4o，需要我们手动选择。单击图1-9所示的标记1处，会弹出下拉框，在其中单击"GPT-4o"，如图1-10所示。

图1-10

> **注** 由于OpenAI官方会不断更新大模型，所以这里所示的页面可能与实际情况有所不同，但不影响我们用这里所述的方式启动GPT-4o。

单击图1-9所示标记3处的"创建图片"按钮，即可开启GPT-4o的绘画功能，图1-9所示标记2处的输入框会变为图1-11所示（见标记1处）。

图1-11

我们可以在输入框中输入提示词，例如"皮克斯风格的蛋糕"，如图1-12所示。

图1-12

## 1.4 使用GPT-4o绘画的两种方式

下面介绍使用GPT-4o绘画的两种方式。

方式一，如图1-12所示，在输入框中输入"皮克斯风格的蛋糕"后（可输入其他提示词，此处仅用于演示），单击标记1或者按下回车键发送提示词，稍等片刻，便会看到GPT-4o生成的内容，如图1-13所示。

图1-13

方式二，直接在图1-9所示标记2处的输入框中输入"一朵迪士尼风格的鲜花"，GPT-4o生成的内容如图1-14所示。我们既可以根据需要灵活选择GPT-4o的生成方式，也可以在图1-13所示下方的输入框中输入提示词，让GPT-4o继续生成图像。

> **注** 输入框下方的"搜索"表示联网搜索功能，"深入研究"表示让大模型进行深度思考。如果只需要生成图像，则不需要开启这两项，保持其默认状态即可。

图1-14

## 1.5 如何高效生成提示词

提示词就是我们输入给大模型的内容,它可以是一个问题、一段背景说明、一组指令或上下文描述。大模型会根据提示词理解任务,并输出相应的内容。通过合理设计和使用提示词,我们不仅能更高效地与大模型互动,还能充分发挥大模型的潜能,获得更符合预期和需求的高质量输出。

关于提示词,可以参考本书作者所著的《DeepSeek应用大全》,如图1-15所示。

图1-15

高效生成提示词的关键点如下所述。

- **明确问题或任务**：提示词应尽量清晰、具体，减少歧义。例如，"请解释机器学习的基本原理"比"讲讲机器学习"更能引导大模型给出细致的答案。
- **提供足够的上下文**：当任务较复杂时，提供详细的背景信息或分步骤说明，可以帮助大模型更准确地理解问题的背景并输出更确切的内容。
- **使用结构化提示**：如果希望得到分点、分段或条理清晰的答案，则可以在提示词中说明格式要求。例如"请以列表形式说明……"或"请分三个部分详细讨论……"。
- **迭代优化**：根据大模型初步输出的内容，我们可以调整提示词，增加细节或修改要求，让大模型输出更理想的内容。

## 1.6 使用DeepSeek生成GPT-4o绘画提示词

通过浏览器访问DeepSeek官网，如图1-16所示。

图1-16

> **注意** 推荐使用Chrome、Firefox或Edge等主流浏览器，并且确保网络畅通。

DeepSeek的使用方式同GPT-4o，都是在登录账号后，首先在输入框中输入提示词，然后等待其生成内容，具体使用方式可参考《DeepSeek应用大全》。接下来讲解使用DeepSeek生成GPT-4o绘画提示词的四种方式。

### 1.6.1 基础优化

提示词模板：

> 你是一个AI提示词优化大师，请用专业手法对【你的描述】这段提示词进行优化。要求：加入多个艺术专业词汇、细化光影和材质细节并营造独特的画面氛围，对其他内容根据你的经验和【你的描述】的特色进行个性化优化和调整

将提示词模板中的"你的描述"替换为"雪山湖泊"或者其他内容，在DeepSeek的输入框中输入完整的提示词，如图1-17所示。

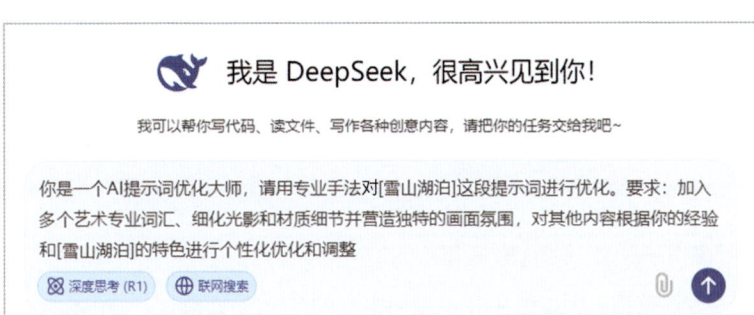

图1-17

单击图1-17所示界面的"↑"按钮发送提示词或者按下回车键，DeepSeek就会生成一段包含艺术专业词汇、细化光影和材质细节的提示词：

8K超写实雪山镜湖黎明景观，采用大疆无人机30°倾斜视角拍摄，搭配16mm广角镜头呈现。

主光：45°侧逆晨光（色温3200K），在粒雪表面形成冰晶高光（镜面反射强度78%）。

次光：湖水次表面散射（SSS强度1.4），映出深达12米的冰碛物沉积层。

特效：对海拔4800米处的旗云采用运动模糊效果（快门速度1/1000s），对前景中的薄雾使用流体模拟技术（涡度0.7）。

**材质细节：**

雪山：三层材质混合（基底冰蓝层/中间粒雪层/表层风积雪）。

湖泊：动态水面（波纹频率0.6Hz）叠加菲涅尔反射（IOR 1.33）。

艺术风格：融合卡斯帕·弗里德里希的浪漫主义构图与当代地理摄影的色彩科学，采用ACEScg色彩空间渲染。

**技术参数：**

长宽比：21∶9电影画幅。

动态范围：16bit ARRIRAW格式。

后期：应用柯达2383胶片颗粒（强度15%）。

---

我们将DeepSeek输出的提示词，直接输入GPT-4o，GPT-4o生成的内容如图1-18所示。

图1-18

## 1.6.2 风格转换

提示词模板：

> 你是一个精通多种风格的AI提示词设计师，请给我一段【你的描述】的【指定风格】的高级绘画提示词。要求：包含该风格的核心特征、定制风格化材质光影效果、画面有叙事感和情感张力

参照1.6.1节，将提示词模板中的"你的描述"替换为"雪山湖泊"，将"指定风格"替换为"水墨画风格"。在DeepSeek的输入框中输入完整的提示词，DeepSeek就会生成水墨画风格的雪山湖泊绘画提示词：

**核心风格特征：**

北宋雪景山水笔意，以马远的《寒江独钓图》的空灵构图为基础，融合现代水墨的抽象肌理。运用泼墨积雪山法呈现山体轮廓，以飞白笔触勾勒冰裂纹理，以淡墨晕染表现湖面氤氲之气。

**材质与光影定制：**

墨色层次：焦墨（山脊）–浓墨（松林）–淡墨（云雾）–清墨（湖面）–留白（积雪），形成五阶墨韵。

特殊技法：在湖面使用湿笔破墨法创造冰水交融的透明质感，山体采用干笔皴擦表现风化岩层。

光影系统：设定卯时天光，以极淡花青渲染东方微曦，保留水墨画以白计黑的光影哲学。

**叙事性构图：**

近景：半截枯木横卧湖岸，树皮皴裂如老人皱纹；中景：一叶扁舟系于冰凌，渔翁蓑衣结霜（暗示彻夜等待）；远景：雪山以倾斜构图压迫而来，峰顶隐现淡朱砂色朝霞（象征希望）。

**情感张力元素：**

色彩隐喻：整幅图仅用松烟墨+微量朱磦，在冰面下用极淡靛蓝暗示未知深度。

空间留白：湖面40%留白处理，形成有无相生的哲学意境。

动态凝固：在鱼线与水面接触点制造墨渍晕染，捕捉将触未触的临界瞬间。

**大师风格参照：**

贾又福太行山系列的神秘感+周韶华的《黄河魂》的磅礴气韵+八大山人的《孤禽图》的极简张力。

---

我们将DeepSeek输出的提示词，直接输入GPT-4o，GPT-4o生成的内容如图1-19所示。

图1-19

## 1.6.3 专业领域转换

提示词模板：

> 你是擅长各种专业创作的AI视觉艺术家，请你帮我把【你的描述+专业】优化改写，打造行业级画面绘画提示词。要求：植入该专业领域的专业名词和细节，构建专业级光影矩阵及材质特征，强化真实感与情绪穿透力

参照1.6.1节，将提示词模板中的"你的描述+专业"替换为"广袤的草原+摄影"，在DeepSeek的输入框中输入完整的提示词，DeepSeek就会生成符合专业摄影要求的广袤草原绘画提示词：

### 【场景构建】

广角镜头（16-35mm）下的高寒草甸生态系统，采用三分法构图，前景点缀狼毒花群落与针茅属植物，中景呈现蜿蜒的季相性干涸河床，远景延伸至祁连山褶皱带。设置1.2米低机位来捕捉牧草波动韵律，纳入积云阴影形成的天然明暗分割线。

### 【光影矩阵】

黄金时刻（blue hour前30分钟）的侧逆光照明，搭配反光板补光系统（1∶3光比），精确控制草尖的菲涅尔反射。使用渐变ND滤镜（0.9硬过渡）平衡天地光比，云层缝隙形成丁达尔效应光锥，暗部保留RGB（15,25,40）的冷调环境光。

### 【材质表现】

4K微距呈现羊茅草叶缘锯齿结构，后期叠加风蚀地表的高频细

节贴图。枯草茎干实现次表面散射（SSS）效果，湿润土壤区域应用PBR材质流程，表现黏土-砂质过渡层的孔隙度差异。

**【情绪强化】**

通过动态模糊（1/80s快门）效果制造草浪的贝塞尔曲线运动轨迹，在画面左侧1/4处设置视觉锚点（孤独的转场牦牛）。色温控制在5600K±300K，在HSL模块中强化青绿色（H200° S85%）与低饱和度橙色（H30° S45%）的互补色张力。

---

我们将DeepSeek输出的提示词，直接输入GPT-4o，GPT-4o生成的内容如图1-20所示。

图1-20

## 1.6.4 "懒人直出"转换

提示词模板：

> 作为智能艺术引擎，请自主给【你的描述】这段提示词完成以下优化：1.自动匹配最佳艺术流派；2.智能补全材质细节及光影效果；3.注入电影叙事感和情感力

参照1.6.1节，将提示词模板中的"你的描述"替换为"宁静的海边小镇"，在DeepSeek的输入框中输入完整的提示词，DeepSeek就会自动完成上述优化，生成一段完整的绘画提示词：

### 光影与材质

建筑：18世纪花岗岩堤岸（风化SSS材质）+木制渔船（剥落漆皮UV贴图）。

海面：瑞利散射（450nm波长）+动态焦散（强度1.7）。

氛围：薄雾（Henyey-Greenstein相位函数，g=0.76）+体积光（17° God Ray）。

### 电影级叙事

构图：变形宽银幕（2.39∶1），前景虚化渔网（Z-depth 0.8m）。

色彩：主调为孤独蓝（Pantone 19-4052），点缀8%的希望橙。

隐喻：潮水线（分形算法侵蚀效果）+半埋怀表（时间5:47）。

### 动态细节

左入画海鸥群（翼展动画12°→158°）。

二楼窗纱流体波动（0.7Hz，暗示人物存在）。

### 智能优化选项

气候：平流雾（水平200m渐变能见度）/雷暴前夕（积云顶-32）。

风格：19世纪（鲸油桶+麻绳车）/未来（碳纤维浮标）。

情绪：治愈（面包店2700K暖光）/忧郁（铅灰云层-1.5eV）。

我们将DeepSeek输出的提示词，直接输入GPT-4o，GPT-4o生成的内容如图1-21所示。

图1-21

使用DeepSeek生成GPT-4o绘画提示词，有图1-22所示的注意事项。

图1-22

## 1.7 提示词高级生成技巧

本节讲解提示词高级生成技巧。

### 1.7.1 反推提示词

我们若看到喜欢的样图（见图1-23），想知道生成它的提示词，则可将该样图上传给GPT-4o，并在GPT-4o中输入提示词：

要生成这样的图像，该如何写提示词？

图1-23

GPT-4o则可输出生成该图像的提示词，其部分截图如图1-24所示。

```css
一张电影感的胶片风格照片：一位粉色长发的年轻女性，身穿紫色睡衣，赤脚盘腿坐在客厅地毯上，钅
photorealistic, cinematic 35mm film photograph, shallow depth of field, wa
```

图1-24

我们可以将GPT-4o输出的提示词根据需求进行调整，以生成与样图相近的效果。

## 1.7.2　从Sora上"取经"

Sora是OpenAI推出的专注于视频生成的大模型，其上所分享作品（包括图像）的提示词都是公开的。在Sora上单击任一图像（或视频），即可看到生成该图像（或视频）的提示词，如图1-25所示。

图1-25

单击图1-25所示下方红框处的"Edit remix"按钮，即可复制其完整提示词，如图1-26所示。

图1-26

每当我们在Sora上看到令人惊艳的作品时,都可以通过这种方式查看其提示词并学习。可以说,Sora就是提示词高手的"灵感之源"。

## 1.8 图像细节重绘

GPT-4o支持对生成的内容进行指定区域的细节重绘。

对于GPT-4o生成的任何一张图像,单击其大图,如图1-27中的红色矩形框所示,会开启编辑模式,如图1-28所示。

图1-27

图1-28

单击图1-28所示的标记4即可关闭编辑模式,单击标记3可将修改后的图像下载到自己的计算机中。若想涂抹任何区域,则直接在标记2处的输入框中输入提示词,GPT-4o便会重新生成内容。

单击图1-28所示的标记1,开启编辑涂抹模式,如图1-29所示。

图1-29

图1-29所示的标记1为涂抹工具,如果使用鼠标,则需要持续按下鼠标左键来选中要修改的区域;如果使用触摸屏,则直接选中要修改的区域。例如,本次修改中间的内容,如图1-30所示。

图1-30

图1-30所示标记1处选中的区域,为我们确定要修改的区域,在标记2处的输入框中输入提示词:

> 一条可爱的鲸鱼

GPT-4o生成的内容如图1-31所示。

图1-31

可以看到GPT-4o很好地完成了图像细节重绘,并保持风格一致,我们可以通过本节所讲解的方式对GPT-4o生成的内容进行局部修改。

## 1.9 如何减少中文乱码

GPT-4o生成的中文内容有时会出现乱码,如图1-32所示。

GPT-4o在生成图表或图像时,默认使用的是不支持中文的字体,所以当我们需要在图表或图像中显示中文时,必须先上传一个支持中文字体的文件。

图1-32

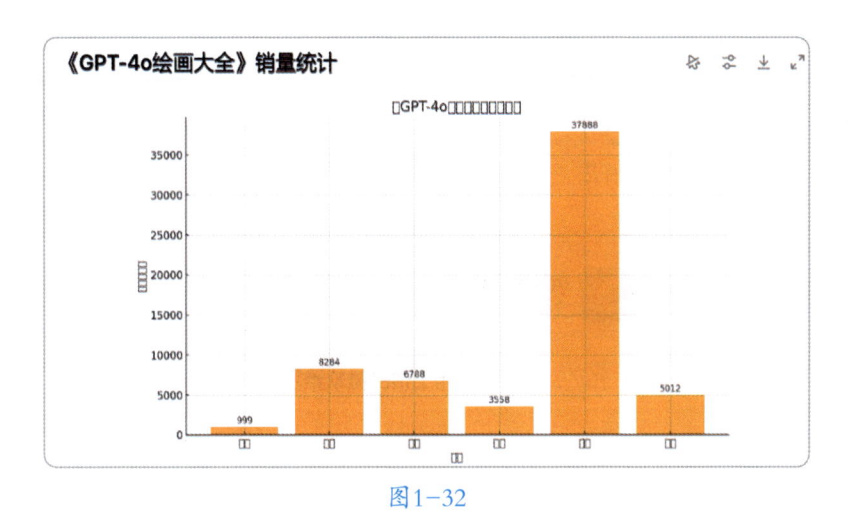

单击输入框下面的"+"按钮,单击"从电脑中上传",如图1-33所示。

图1-33

之后选择准备好的字体文件,例如"微软雅黑.ttf"。关于如何下载字体文件到自己的计算机中,可根据本书封底的"读者服务"获取相关信息并参考。

在编写绘画提示词时,可以在提示词中加上诸如"使用中文字体"或"请采用已上传的×××字体"等文字,让GPT-4o知晓当前环境中已经准备好的中文字体,这样可以确保生成的图表或图像中的文字部分会使用支持中文的字体,从而确保文字正常显示。

上传字体文件后,输入提示词,如图1-34所示。

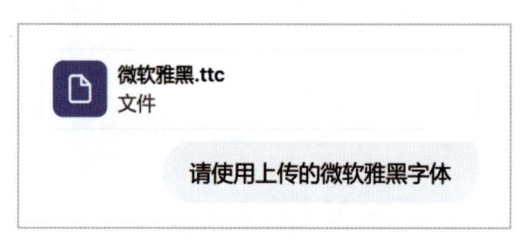

图1-34

GPT-4o生成的内容如图1-35所示。

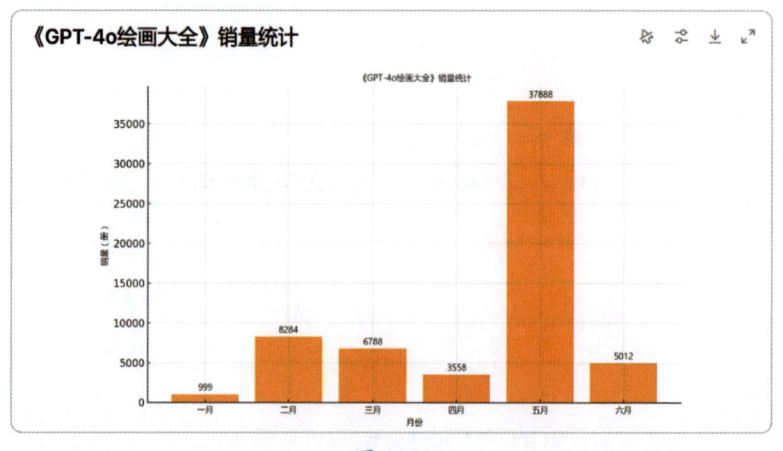

图1-35

注意,GPT-4o的存储空间通常是临时的,也就是说,一旦会话结束或者绘画任务完成,上传的字体文件将不会被保存。所以,在每次绘画之前可能都需要重新向GPT-4o上传中文字体文件。

## 1.10 如何向GPT-4o上传图像

向GPT-4o上传图像的方式有两种。

方式一，单击对话框左下角的"+"按钮，如图1-36所示。

图1-36

在弹出的菜单中单击"从电脑中上传"，如图1-37所示。

图1-37

之后选择要上传的图像，完成上传，如图1-38所示。

图1-38

方式二，也可以直接选中图像，将其拖曳到输入框中完成上传，如图1-39所示。

图1-39

## 1.11 GPT-4o的绘画缺陷

GPT-4o的绘画功能虽然强大，但在以下几方面仍存在缺陷，相信随着OpenAI的不断努力，GPT-4o的这些缺陷很快会得到弥补。

### 1. 文字处理方面

（1）多语言文本渲染不准确：对非拉丁语系文字（如中文）的识别和生成可能存在错别字或排版异常问题。例如，在生成招聘海报时，"聘"字可能出现错误（解决方案见1.9节）。

（2）对密集文本处理效果不佳：若图像包含大量文字，则可能出现显示模糊、排版混乱等问题，如图1-40所示。

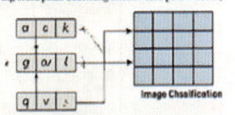

图1-40

**2. 细节与准确性方面**

（1）幻觉问题：可能生成不符合逻辑或事实的内容。

（2）复杂场景的渲染问题：当画面包含超过20个不同的物体或概念时，可能出现渲染错误或混乱的问题，如图1-41所示。

图 1-41

（3）局部编辑易出错：对图像特定部分的修改可能无法准确执行，甚至导致错误。

### 3. 图像处理方面

（1）长图剪裁异常：在生成长图时，可能出现不合理剪裁或部分内容缺失的问题，如图 1-42 所示。

图1-42

（2）风格转换不一致：对图像进行风格转换时，图像中的部分元素可能出现风格不统一或转换不完全的问题。

## 1.12　六种有效的AI作品变现路径

当前，内容创业者、设计师及广告公司正积极采用AI作品，其变现方式已从单一的售图模式扩展为平台运营、版权授权、教育培训等多元模式。要实现AI作品的可持续收益，就需要把握三大核心要素：市场需求、信息差和趋势红利。

设计、电商、短视频等行业对视觉素材的需求巨大，而AI作品凭借其低成本和高效迅速填补了这一空白。与此同时，不同的人群对AI工具的掌握程度存在差异，精通提示词和后期工作流的创作者可通过教学或顾问服务获取收益。此外，各平台对AI内容的流量扶持也为早期的入局者提供了红利窗口。

基于此，本节介绍六种有效的AI作品变现路径。

### 1.12.1 新媒体平台

新媒体平台提供了低门槛的流量入口，只要持续输出高质量的AI内容，再配合剪辑工具将静态图做成短视频，就有机会通过广告分成、接单或电商带货变现。

常见的新媒体平台如下。

- 抖音："AI绘画"话题的播放量超30亿，账号可通过展示"提示词→成图"的过程吸粉，进而接单或授课。
- 快手：参与"AI生图挑战"，高完播率的视频可触发官方流量扶持。
- 小红书：AI绘画作为"技能分享"类内容，点赞量较高，搭配AI脚本工具可批量生产图文内容。
- B站："AI美术创作"分区提供了播放分成和付费专栏双收益渠道。

变现要点如下。

- 内容定位：采用"30秒快速生成"或"真人+屏录"形式，增加用户停留时长。
- 私域转化：通过评论区或小程序引导用户加入社群，承接人像定制、IP设计等订单。
- 品牌合作：服装、电商类商家通常需要原创Banner，可通过星图（抖音）或蒲公英（小红书）接单。

### 1.12.2 设计社区

在设计社区发布作品，可以提升行业影响力，并获得品牌外包或联合创作机会。

常见的设计社区如下。

- 站酷：支持以投稿、悬赏和猎头模式接单，日均流量超千万。
- 涂鸦王国/花瓣网：插画、原画需求集中，花瓣商业图库支持直接销售源文件。
- 优设网：开设"AI玩法"专栏，发布优质教程可获得稿酬。

变现要点如下。

- 添加"AI插画"标签，以获得专题推荐。
- 作品集附上提示词和后期工作流，提升专业度。
- 参与官方赛事，获奖作品易获得企业合作意向。

### 1.12.3 周边定制平台

在周边定制平台上，AI作品可一键印制为T恤、海报等商品，实现变现。

常见的周边定制平台如下。

- 文心一格商城：生成图像后，单击"周边定制"按钮，即可联动百度小程序下单定制版的T恤、马克杯、手机壳等，无须囤货。
- 印物派/一起印：只需在打印工厂网站上传样图，就可以直接打印样图，支持API批量同步图像。
- 淘宝定制店：可将店铺定位为"AI艺术周边"，通过1688选工厂，商品单笔利润很高。

变现要点如下。

- 录制关于"出图→上架"流程的短视频，用于带货。
- 采用按需打印（POD）模式，避免库存堆积风险。

### 1.12.4　电商或版权分销平台

电商或版权分销平台对概念草图的迭代速度要求极高，AI绘画的分钟级出图速度具备明显优势。

常见的电商或版权分销平台如下。

- 视觉中国：2024年起接受标注"AI生成"的图像，并提供热点关键词榜单。
- 千图网/千库网：支持"创作换VIP"，下载分成较高。
- 全景网/摄图网：开设"AI素材"类目，按千次下载计费。

变现要点如下。

- 保留生成日志，应对版权核验。
- 组合"节日+行业"关键词，匹配企业需求。
- 提供JPEG+PSD源文件，提升高级会员的下载率。

### 1.12.5 教育培训平台

教育培训平台对AI作品生成课程有很大的需求，不仅课费可观，而且能通过持续更新素材和点评变现。

常见的教育培训平台如下。

- 腾讯课堂：已有Midjourney或Stable Diffusion商业实战课程，课程主讲老师与腾讯云的专家共研大纲。
- 网易云课堂/轻微课：提供AI插画直播班，含作业点评和社群服务。
- B站付费专栏：录播课程长期分成。

变现要点如下。

- 将课程分阶，即免费入门直播→进阶录播→高阶私教陪跑。
- 配套提示词库、模型预设和商单资源，提高复购率。
- 联合高校或机构颁发证书，溢价率高。

### 1.12.6 面向专业领域的概念草图服务

建筑、包装等行业对概念草图快速迭代的需求旺盛，AI草图可显著提升投标效率。

常见的平台如下。

- SUAPP AI：可在SketchUp插件内直接生成建筑草图。
- 灵感云LingiSnap：支持包装/工业设计概念协同评审。
- 猪八戒网：可提供AI草图服务，收益较高。

变现要点如下。

- 承诺24小时内出3版，满足甲方"速度+迭代"的需求。
- 分阶段交付，即AI草图→手工精修，溢价翻倍。
- 在投标/概念阶段切入，减少甲方的前期成本，锁定后续的深入设计项目。

进行AI作品变现时，有以下注意事项。

- 避免在作品标题中使用版权期内的艺术家姓名或品牌名称。
- 保留提示词、模型版本、PSD文件，以备版权登记或争议取证。
- 关注各平台对"人物头像生成""名画风格再创作"等高风险题材的限制。

# 第 2 章
## 创意玩法

本章深入讲解如何借助GPT-4o的绘画功能，创作四格漫画、漫画头像、Q版贴纸、表情包等多种视觉作品，涵盖了草图生成、风格迁移、背景处理、老照片修复等核心技巧。

> **注意** 关于如何进行图像细节重绘，可参考1.7节，后面不再提示。

## 2.1 四格漫画

四格漫画是将一个完整的故事分解成四个画面，实现故事的起承转合。本节讲解如何构思剧本、拆解情节，并规划每个画面的构图和对话，使四格漫画看起来既紧凑又生动。

提示词模板：

```
创作一组四格漫画
主题：
```

风格：
色彩：
角色形象：
背景：
第一格描述：
第二格描述：
第三格描述：
第四格描述：

提示词示例：

---

创作一组四格漫画

主题：猫咪的日常。

风格：可爱、温馨。

色彩：柔和。

角色形象：猫咪形象萌态十足。

背景：简单，突出猫咪可爱的日常生活场景。

每一格画面都色彩柔和，猫咪形象萌态十足，背景简单，突出猫咪可爱的日常生活场景。

第一格描述：猫咪早上醒来，伸着懒腰。

第二格描述：猫咪看到主人准备食物，兴奋地跑过来。

第三格描述：猫咪开心地吃着食物。

第四格描述：猫咪吃饱后，躺在沙发上满足地打盹

---

GPT-4o生成的内容如图2-1所示。

还可以在指定的画面中增加文字对话。例如，继续输入提示词：

> 在第二格中增加风格相近的文字：喵~

GPT-4o生成的内容如图2-2所示。

图2-1

图2-2

对比图2-2和图2-1，可以看到GPT-4o对原画面也进行了修改，这不是我们想看到的效果。这时需要告诉GPT-4o保持图像一致，修改提示词：

> 保持图像一致，仅在第二格中增加风格相近的文字：喵~

GPT-4o生成的内容如图2-3所示。

图2-3

对比图2-2和图2-3，可以看到GPT-4o理解了我们的需求，并保证所生成内容的一致性。利用GPT-4o的绘画功能，我们可以快速生成草图，之后根据需要调整细节，形成能连贯叙事且具有视觉节奏的作品。

## 2.2 漫画头像

头像通常作为个人或机构在网络上的标识，帮助他人快速识别自己。它不仅能在社交媒体、论坛、博客等平台上展示独特的形象，还能在品牌营销和公众形象构建中发挥关键作用。漫画头像则注重将人物特点通过夸张和艺术化的方式表现出来，具有更强的趣味性。它不仅能吸引观众的注意力，还能强化个体或机构的独特风格。

向GPT-4o上传一张样图,如图1-38所示,让其生成指定风格的头像。上传样图后,根据1.4节介绍的绘画方式,开启GPT-4o绘画模式。

提示词模板:

保持与上传的样图形象、动作一致,并将样图转换成×××风格

提示词示例:

保持与上传的样图形象、动作一致,并将样图转换成迪士尼风格

GPT-4o生成的内容如图2-4所示。

如果对人物的表情不满意,则可以继续输入提示词:

保持与上传的样图形象、动作一致,换成微笑表情

GPT-4o生成的内容如图2-5所示。

图2-4　　　　　　　　图2-5

GPT-4o常见的绘画风格见第6章。

## 2.3　Q版贴纸

Q版贴纸通常有夸张、可爱的造型,以及简洁、明快的线条风格,适用于社交媒体、即时通信及数字娱乐领域。

提示词模板:

> 转换成Q版贴纸,n个不同的动作

向GPT-4o上传一张样图(见图1-38),输入提示词:

> 转换成Q版贴纸,4个不同的动作

GPT-4o生成的作品如图2-6所示。这里有个小细节,GPT-4o会自动生成无背景的透明矢量图。

图2-6

> **注意** "无背景的透明矢量图"是指一种采用了矢量数据（由路径、线条和几何形状构成）的图像，其中没有固定位的背景颜色，而是保留了透明区域。这种图像可被轻松叠加在其他图像或背景上，不会出现不必要的底色，被广泛用于设计、网页制作及各种数字媒体项目中。

将鼠标的光标移到该图像上后，该图像会自动变成无背景的透明矢量图，如图2-7所示。

图2-7

利用GPT-4o，我们可以快速生成草图，并调整比例和细节，打造一系列形象鲜明、易于识别且充满亲和力的Q版贴纸。

## 2.4 表情包

表情包作为一种被广泛应用于互联网和社交平台的视觉语言,需要在短时间内吸引人们的注意力并传达特定的情感。

### 2.4.1 静态表情包

提示词模板:

> 保持与上传样图中的人物一致,创建一套九宫格表情包,一排三个,保持角色特征与样图的颜色和画风一致。
> 九个动作描述分别是:

上传一张样图,并输入以下提示词:

---

保持与上传样图中的人物一致,创建一套九宫格表情包,一排三个,保持角色特征与样图的颜色和画风一致。

九个动作描述分别是:

竖大拇指+眯眼笑+头顶小爱心、双手捂脸+波浪眉+耳尖泛红、瘫软趴桌+蚊香眼+头顶低电量图标;

双手捧瓜+瞳孔地震+呆毛竖起、双手比枪+单眼wink+发射爱心光波、抱头抓狂+乱码瞳孔+头顶冒烟;

侧身探头+镜片反光+嘴角奸笑、疯狂摆手+残影特效+惊恐颜文字、搓手媚笑+钞票眼+掌心朝上。

---

GPT-4o生成的内容如图2-8所示。

图2-8

利用GPT-4o,我们可以快速完成对人物不同情绪的提炼,以及对构图和动态元素(例如眨眼、微笑等)的设计,加速从构思到最终成品的创作过程。

我们可以使用DeepSeek生成不同的表情风格提示词,例如,在其输入框中输入提示词:

> 请根据表情风格提示词格式"竖大拇指+眯眼笑+头顶小爱心"创造20种不同的表情风格提示词

DeepSeek生成的提示词如图2-9所示。

```
20种表情风格创意组合

以下是20种不同风格的表情组合，均采用"表情+表情+装饰"的三段式结构，并确保每种组合的独特性：

 1. 眨眼wink + 露齿笑 + 星星耳环
 2. 捂嘴笑 + 脸红 + 发间小花
 3. 吐舌头 + 叉腰 + 闪电背景
 4. 呆滞脸 + 流口水 + 头顶问号
 5. 翻白眼 + 叹气 + 乌云罩顶
 6. 爱心眼 + 捧脸 + 背景烟花
 7. 冷漠脸 + 抱臂 + 雪花飘落
 8. 惊恐状 + 后退 + 爆炸头
 9. 得意笑 + 甩头发 + 金光特效
10. 哭泣脸 + 擤鼻涕 + 泪滴飞溅
11. 困倦脸 + 打哈欠 + Zzz符号
12. 恶魔笑 + 尖牙 + 小角发光
13. 天使笑 + 合十 + 光环悬浮
14. 脸红冒汗 + 挠头 + 尴尬斜线
15. 酷盖墨镜 + 叼玫瑰 + 背景音浪
16. 熊猫眼 + 咖啡杯 + 文件堆叠
17. 摇滚吼 + 吉他 + 音符环绕
18. 忍者蒙面 + 隐身术 + 飞镖轨迹
19. 外星人触角 + 发光眼 + UFO投影
20. 僵尸绿脸 + 断臂 + 墓碑背景
```

图2-9

## 2.4.2 动态表情包

动态表情包凭借其生动的动态效果，成为人们表达情感和态度的有力工具。它既可以是电影片段、动画场景，也可以是生活中的有趣瞬间，通过视频剪辑或动画制作而成。

提示词模板：

> 创建一个可用于2D游戏的逐帧动画，将图像分为9幅子图像，像素数相同，透明背景。

实现这个连续的动画,将图像设计成一个正方形,按照动作顺序描绘。

主题:【主题内容】。

最后把这些子图像按照顺序组装成一个GIF动画,每一帧都有0.1s的播放时长,每一帧在播放完后就会消失并播放下一帧

提示词示例:

---

创建一个可用于2D游戏的逐帧动画,将图像分为9个子图像,像素数相同,透明背景。

实现这个连续的动画,将图像设计成一个正方形,按照动作顺序描绘。

主题:一只穿着背带裤的鸡在打篮球。

最后把这些子图像按照顺序组装成一个GIF动画,每一帧都有0.1s的播放时长,每一帧在播放完后就会消失并播放下一帧

---

GPT-4o生成的内容如图2-10所示。

单击图2-10所示的红色矩形框中的链接,就能将制作好的动态表情包下载到自己的计算机中。

图2-10

## 2.5 线稿提取和上色

  线稿提取和上色通常是紧密关联的两个步骤。线稿为上色提供了清晰的边界和结构，上色则为线稿赋予了生命力和情感。我们可以根据作品的需求和风格，灵活选择手动或自动的方法进行线稿提取和上色，以达到最佳艺术效果。

### 2.5.1 线稿提取

  线稿作为后续上色和细节处理的重要基础，需要具备良好的边缘识别和线条流畅性。

样图如图2-11所示。

提示词模板：

> 保持图像一致，生成线稿图

上传一张样图并输入提示词"保持图像一致，生成线稿图"，GPT-4o生成的内容如图2-12所示。

图2-11

图2-12

## 2.5.2 线稿上色

提示词模板：

> 保持图像一致，进行【图像主体】上色

图像主体为所上传样图的内容。

上传一张原始线稿图并输入提示词,如图2-13所示。

图2-13

GPT-4o生成的内容与原始线稿图的对比如图2-14所示。

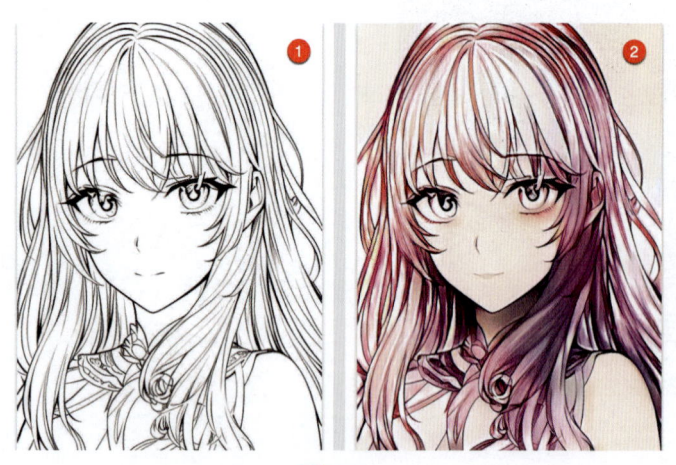

图2-14

图2-14所示的右图(标记2处)为GPT-4o生成的自动上色图,从头发、眼睛到很多细节,都对原始线稿图进行了准确的上色处理。借助GPT-4o的自动上色功能,我们可以快速为线稿上色,再通过手动调整,实现细腻的渲染效果,最终形成完整的艺术作品。

## 2.6 风格迁移

风格迁移是一种利用深度学习技术,将图像内容与特定艺术风格巧妙融合的功能。风格迁移的目标是保留原始图像的核心内容,同时应用来自另一张样图的艺术风格。

提示词模板:

> 参考图像的画风,转换成×××内容

上传一张样图并输入提示词,如图2-15所示。

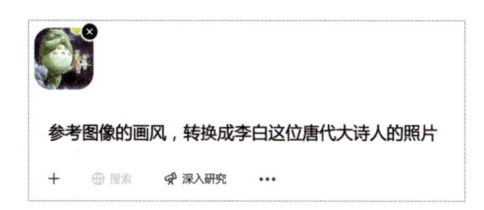

图2-15

GPT-4o生成的内容与样图的对比如图2-16所示。

图2-16

图2-16所示的右图很好地参考了样图(左图)的配色和风格。

## 2.7 元素替换和融合

GPT-4o在元素替换和融合方面展现了卓越的性能,它具备其强大的多模态处理能力,能够根据上下文信息,智能调整图像的风格和细节,确保融合后的图像自然、协调。

### 2.7.1 元素替换

下面通过GPT-4o实现图像中指定元素的替换。

提示词模板:

保持图像一致,替换×××内容

上传一张样图并输入提示词,如图2-17所示。

图2-17

GPT-4o生成的内容与样图的对比如图2-18所示。

图2-18

可以发现，GPT-4o生成的内容除了和样图中的帽子有区别，其他元素都一样。

<mark>注意</mark> 有时会出现人物不一致的情况，可以反复尝试。

我们可以选择替换样图中的某一部分或整个场景，GPT-4o会通过自动识别和精准匹配风格，将指定的内容无缝替换为全新画面，达到视觉上的整体统一和创新表达。

## 2.7.2 元素融合

除了2.7.1节的元素替换，GPT-4o也可以实现多个元素的融合。

提示词模板：

【需求】

提示词示例：

让两个人合影，背景是花园

上传两张图像并输入提示词，如图2-19所示。

图2-19

GPT-4o生成的内容如图2-20所示。

图2-20

**注意** 在图像融合过程中，人像可能会有细微变化。

除了可以进行人像融合，还可以进行物品融合。

提示词模板：

> 将第一张图中的主体，替换第二张图中的主体，保持风格一致

上传两张样图并输入提示词，如图2-21所示。

图2-21

GPT-4o生成的内容如图2-22所示。

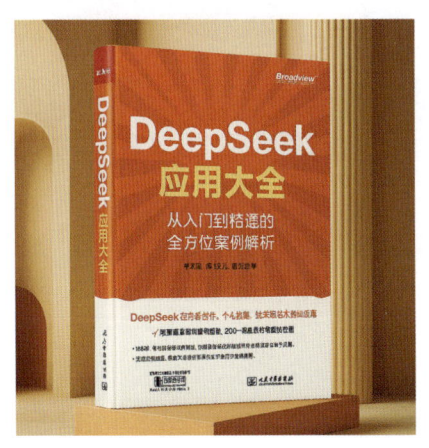

图2-22

GPT-4o可以将文本、图像等不同类型的数据做统一处理，实现不同元素的自然融合。

## 2.8 修改背景

GPT-4o在修改背景方面的强大能力,使其在图像编辑和创意设计中具有广泛的应用前景。无论是去除背景以突出主体,还是增加背景以丰富画面,我们都可以通过向GPT-4o输入简单的提示词来实现。

### 2.8.1 增加背景

为图像增加合适的背景可以产生不同的效果。

例如,这里有张无背景的样图,如图2-23所示。

图2-23

提示词模板:

生成×××场景的背景图

上传一张样图并输入提示词，如图2-24所示。

图2-24

GPT-4o生成的内容如图2-25所示。

图2-25

GPT-4o可以根据角色或主要物体的风格自动生成与之匹配的背景，增强视觉层次感和空间感，同时为作品营造特定的情境或氛围。

## 2.8.2 去除背景

如果我们需要无背景的矢量图，则也可以让GPT-4o帮助我们一键抠图。

准备样图，如图2-26所示。

图2-26

提示词模板：

> 去除背景

上传一张样图并输入提示词"去除背景"，GPT-4o生成的内容如图2-27所示。

图2-27

GPT-4o具备强大的抠图能力（即去除背景能力），对人像和其他图像都可以实现一键抠图。

## 2.9 将2D图转为3D图

GPT-4o可以将传统的2D图转为3D图。

提示词模板：

> 生成3D样式

上传一张样图并输入提示词，如图2-28所示。

图2-28

GPT-4o生成的内容如图2-29所示。

图2-29

GPT-4o还能为立体图增加适当的阴影、透视和高光效果，带来更真实的3D视觉体验。我们可以自行尝试实现这些效果。

## 2.10 将3D图转为3D灰度图

3D灰度图可以表现物体的深度和细节，进而用于3D打印和机械雕刻。

提示词模板：

> 转换成【Blender】建模中未渲染的3D灰度图

Blender是一种建模工具，我们可将其换成其他建模工具。

上传一张样图并输入提示词，如图2-30所示。

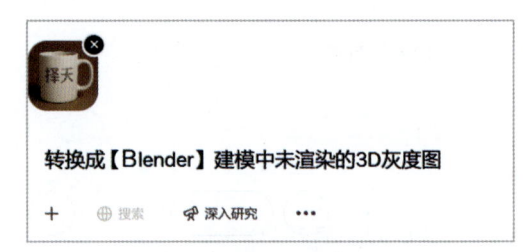

图2-30

GPT-4o生成的内容如图2-31所示。

图2-31

## 2.11 修复老照片

GPT-4o通过智能绘画和图像修复算法，可以自动识别照片中的褪色、划痕及其他损坏部分，并进行颜色校正、细节重建和噪点去除，恢复原始图像的清晰度和历史韵味。

一张老照片如图2-32所示。

图2-32

提示词模板：

> 修复并上色

上传图2-32所示的老照片并输入提示词"修复并上色"，GPT-4o生成的内容如图2-33所示。

图2-33

对比图2-32和图2-33可以发现,GPT-4o能够精准识别老照片中的细节,并对其进行修复和增强,使模糊的老照片变得清晰。

## 2.12 虚构现实

下面使用GPT-4o创作并不存在的"真实"场景。

提示词模板:

> 一个【风格描述】的突发镜头+【主体/焦点】+【在特定环境/背景中】+【正在进行的动作/事件】+【具体视觉细节描述(至少3~5个)】+【情感/氛围】

提示词示例:

一个非常逼真的突发新闻镜头,捕捉到某地区遭受8级地震后的惨状。建筑物已成废墟，断壁残垣随处可见，砖块和碎玻璃散落一地。居民蜷缩在城市广场上，有些人搭起临时帐篷，有些人只能席地而坐。人们的脸上满是悲伤，互相安慰，寻求帮助。这张图传达了灾难的无情、人类的脆弱和人类面对自然灾害时的坚韧

GPT-4o生成的内容如图2-34所示。

图2-34

提示词示例：

一个非常逼真的突发新闻镜头，捕捉到一场巨大的、来势汹汹的龙卷风猛烈地接近一个乡村小镇。深灰色和黑色的风暴云剧烈旋转，碎片在空中飞舞，惊恐的居民四散逃难。这张图体现了危险到来时的紧迫感和混乱

GPT-4o生成的内容如图2-35所示。

图2-35

提示词示例：

---

一个有喜感的画面。镜头捕捉到一只好奇的猫在开放式鱼类水族馆上方的架子上巧妙地保持平衡，一只爪子滑落下来。猫突然惊恐地睁大了眼睛，鱼儿在不知情的情况下平静地游到下面

---

GPT-4o生成的内容如图2-36所示。

图2-36

提示词示例：

---

一匹被打扮成交警的马，嘴里叼着停车标志，自信地站在繁华的城市街道中央，这是一张有趣且超现实的画作。汽车和行人停了下来，安静地服从这匹马的指挥

---

GPT-4o生成的内容如图2-37所示。

图2-37

请发挥想象，用GPT-4o将我们的奇思妙想创作成画面。

## 2.13 微缩城市景观

微缩城市景观通过对城市建筑、街区和公共空间等元素进行精细的缩小再现，能够直观地表现城市的整体结构与细节。GPT-4o

具备强大的创意思维和细致的展现能力,能够从宏观城市布局到微观细节捕捉,提供全面的构思和建议。

提示词模板:

> 帮我生成一张垂直构图的3D城市气象图:
> 45°俯视等距微缩模型,清晰地展示城市的剖面
> 将天气效果(如晴天、阴天、雾天灯)巧妙融合到场景中
> 逼真光影+纯色背景,简约又精致
> 在图像上方显示城市名称+天气信息

以"成都、18℃、晴天"为例,参照提示词模板生成的内容如图2-38所示。

---

城市:成都
天气状况:18℃,晴天

---

图2-38

## 2.14　微缩Q版场景复刻

微缩Q版场景复刻通过将现实或想象中的场景以Q版风格重新演绎，将夸张的比例、圆润的线条和丰富的色彩元素融入场景，营造既可爱又具有趣味性的视觉效果。GPT-4o能够有效捕捉关键的Q版风格的元素，在复刻经典场景的同时注入创新元素和趣味性。

提示词模板：

> 微缩立体场景呈现，运用移轴摄影，呈现Q版【场景】

提示词示例：

> 微缩立体场景呈现，运用移轴摄影，呈现Q版"孙悟空大闹天宫"场景

GPT-4o生成的内容如图2-39所示。

场景提示词越详尽，GPT-4o生成的效果越好。

图2-39

**提示词示例：**

---

**微缩立体场景呈现，运用移轴摄影，呈现Q版场景：**

呈现梦幻而灵动的意境。画中乃《红楼梦》之林黛玉葬花一幕，场景细致而迷人，如童话般玲珑雅致。

细观画面，3D Q版黛玉亭亭玉立于微缩园林之间，一身素淡纱裙，手执小巧花锄，低眉含愁，眸中隐约泪光，姿态楚楚动人，面带忧郁和憔悴。她身旁，盛花的小竹篮散落在地，粉红花瓣点缀于草丛，如碎玉纷飞；溪流如玻璃树脂般晶莹通透，涓涓细流折射着微光，环绕着整个场景，映衬出几分凄清与诗意。

园林里散落着细腻、别致的假山石头，黛玉脚下的土地精雕细琢，犹如微缩盆景般细致、逼真。树木、花丛皆精巧细致，枝叶轻盈透明，纤毫毕现。远处假山上隐约可见一座迷你版潇湘馆，精巧华丽的窗棂透出微弱的灯光。

场景整体光影细腻、温柔，透着朦胧的电影光效，如诗如画，既带着古典小说的雅致与哀婉，又有几分清新与纯真，令人一眼便沉醉其中。

GPT-4o生成的内容如图2-40所示。

图2-40

GPT-4o不仅能够让经典场景在Q版风格下焕发新生，还能够通过轻松活泼的视觉语言吸引更广泛的受众，为动画、游戏及IP衍生产品的市场推广增添独特的魅力。

## 2.15　Q版求婚场景

Q版求婚场景可以将求婚场景中的角色以可爱、夸张的卡通形象呈现,并在求婚场景中加入戒指、花束、爱心等元素,营造既甜蜜又可爱的氛围。

提示词示例:

---

将样图中的两个人转换为Q版3D人物形象,场景为求婚主题。背景为淡雅的五彩花瓣拱门,采用浪漫色调。地面点缀散落的玫瑰花瓣。在整体的画面中,对人物采用Q版3D风格,对其余环境元素保持写实风格

---

上传一张样图,如图2-41所示,并输入以上提示词。

图2-41

GPT-4o生成的内容如图2-42所示。

图2-42

## 2.16　Q版中式婚礼图

GPT-4o能够巧妙融合中式婚礼的传统元素与可爱卡通风格，既保留Q版人物的圆润线条和活泼配色，又精准呈现红盖头、花轿、龙凤纹饰、对联等中式婚礼特色，适用于请柬设计、动画短片或社交媒体内容的视觉创作。

提示词示例：

将样图中的两个人转换为Q版3D人物,设定为中式古装婚礼主题,主色调采用大红色,背景为剪纸风格的"囍"字。

服饰要求:男士身着长袍马褂,主体为红色,配金色龙纹刺绣,彰显尊贵,胸前系大红花,象征喜庆、吉祥;女士身着秀禾服,主体为红色,配金色花纹与凤凰刺绣,典雅、华丽。

头饰要求:男士的头饰为中式状元帽,主体为红色,配金色纹样,帽顶带金饰,传统、儒雅风格;女士的头饰采用凤冠造型,以红色花朵为中心,搭配金色立体装饰与流苏,华贵而古典

上传一张样图,如图2-41所示,并输入以上提示词。GPT-4o生成的内容如图2-43所示。

图2-43

## 2.17 3D情侣珠宝盒设计

GPT-4o能够将珠宝盒与情侣主题完美融合，通过精细的3D渲染技术，展现珠宝盒的质感与光影细节，打造兼具奢华感与情感温度的3D情侣珠宝盒设计效果。

提示词示例：

---

基于样图的内容创作一款精致、可爱的3D收藏摆件，置于粉彩色调的珠宝盒中，具体要求如下。

### 珠宝盒设计

- 外观：浅奶油色盒体配金色装饰，形似便携珠宝盒。
- 盒顶：雕刻"FOREVER TOGETHER"字样，点缀星星与爱心图案。
- 开盒效果：呈现Q版情侣甜蜜相望的温馨场景。

### 人物造型

- 女性角色：手捧白色小花束。
- 男性角色：相伴而立。
- 共同特征：闪亮、有神的大眼睛，柔和、温暖的微笑，传递爱意，气质迷人。

### 背景细节

- 圆形窗户：展现阳光下的中国古典小镇天际线。
- 飘浮云朵：增强场景层次感。

- 照明效果：采用温暖的柔光。
- 氛围点缀：飘浮的花瓣。

### 整体风格

- 色调：优雅、和谐。
- 效果：营造奢华梦幻的迷你纪念场景。
- 比例：9∶16

---

上传一张样图，如图2-41所示，并输入以上提示词。GPT-4o生成的内容如图2-44所示。

图2-44

## 2.18　Q版3D水晶球

GPT-4o能够将Q版卡通造型与水晶球的质感完美融合，通过体积光照、漫反射与高光反射等渲染技术，结合内部微缩场景的构建，创造兼具萌趣风格与真实立体感的水晶球插画效果，适用于游戏图标、动画元素及数字周边产品等多种设计场景。

提示词示例：

---

将样图转换为水晶球场景，具体要求如下。

整体环境：将水晶球置于窗户旁的桌面上，背景采用暖色调并做虚化处理，阳光透过水晶球，形成点点金光，驱散周围的黑暗。

水晶球内部：人物造型为Q版3D风格，人物互动，满眼的爱意

---

上传一张样图，如图2-41所示，并输入以上提示词。GPT-4o生成的内容如图2-45所示。

图2-45

## 2.19 立体相框

GPT-4o能够为图像添加立体相框效果。

提示词示例:

将样图中的角色转换为Q版3D风格,置于一张拍立得照片中。拍立得照片被一只手拿着,其中的角色正在从拍立得照片中走出,呈现角色突破照片边框、将要进入现实空间的视觉效果

上传一张样图,如图2-46所示,并输入以上提示词。

图2-46

GPT-4o生成的内容如图2-47所示。

图2-47

## 2.20 角色穿越传送门

GPT-4o能够将角色与奇幻的传送门场景完美融合，在保留角色原有造型和表情的同时，添加光晕透视、能量涌动、空间撕裂等特效，打造神秘、动感的视觉效果，适用于游戏、动画分镜及插画创作等多种场景。

提示词示例：

将样图中的角色转换为Q版3D风格，设计其穿越传送门的场景。传送门呈椭圆形，位于画面中央，散发着蓝紫色光芒。传送门外是现实世界——典型的程序员书房（含书桌、显示器等）；传送门内是蓝色色调的Q版世界。角色正牵着观众的手，在将其拉入Q版世界

时动态回望。采用第三人称视角，展现观众的手被拉入的过程。画面宽高比为3∶2

上传一张样图，如图2-46所示，并输入以上提示词。GPT-4o生成的内容如图2-48所示。

图2-48

## 2.21 乐高收藏品

GPT-4o能够将指定的物体或人物图像转换为乐高收藏品风格，并在虚拟场景中呈现，适用于产品原型展示和社交媒体发布等场景。

提示词示例：

创作一个经典乐高人偶风格的微缩场景：一只与样图角色匹配

的动物站立在角色身旁（动物种类可根据角色的气质自由选择，真实或虚幻皆可）。场景置于透明的玻璃立方体内，底座采用哑光黑配银色装饰，风格简约、时尚。

底座雕刻标签牌，字体为精致的衬线体，标注动物的名称。底部融入类似用于自然博物馆展示的生物学分类信息，以精细蚀刻的方式呈现。

整体如高端艺术品般精心打造，灯光考究。背景采用基于主色调的渐变色（从深至浅过渡），构图注重视觉平衡

---

上传一张样图，如图2-46所示，并输入以上提示词。GPT-4o生成的内容如图2-49所示。

图2-49

# 第 3 章

# 教育培训

现在,数字化转型不断加速,教育培训行业对视觉表达的需求日益增长。优秀的视觉设计不仅能吸引学生的注意力,还能大大提升教学内容的可理解性与趣味性。GPT-4o通过深度学习与生成模型技术,可快速生成高质量的图像,为教育培训行业提供创意支持。

无论是课程目录配图、在线课程封面,还是知识点插画、数字证书或奖励徽章等,GPT-4o都能以高效、灵活的方式满足教育培训行业对视觉表达的多样化需求。

> **注意** 对于本书中的所有案例,各位读者都可以自行上传图像,进行二次创作,具体操作方法见第2章。

## 3.1 课程目录配图

课程目录是学生了解课程框架的重要媒介。利用GPT-4o,可生成与课程主题、风格和内容相匹配的配图，使课程目录页面更加直观。

提示词模板：

> 请生成一张【配图比例及类型】的配图，主题为【课程主题】，风格【风格描述】，色彩【颜色搭配】，布局【布局要求】，适用于【应用场景】

提示词示例：

---

请生成一张2:3的课程目录的配图，主题为"数学技巧提升课程"。

主体是一个抽象的对话气泡图案，气泡中的两个人面对面交流，背景为淡灰色渐变，搭配蓝色的线条分隔不同的章节

---

GPT-4o生成的内容如图3-1所示。

图3-1

GPT-4o可以准确理解提示词,生成符合要求的配图。课程设计者可快速调整和优化配图中的图文布局,使其更具吸引力,提高学生学习的主动性。

## 3.2 在线课程封面

在线课程封面是课程的"门面",需要在众多课程中脱颖而出。GPT-4o能够根据课程的核心内容、目标受众和风格描述,生成独具匠心的封面。

提示词模板:

> 请生成一张【配图比例】的在线课程封面,主题为【课程主题】,风格【风格描述】,设计要求【设计元素或特点】,突出【品牌/课程定位】

提示词示例:

> 请生成一张16:9的科技感十足的在线课程封面,主题为"人工智能基础课程",在设计上融入有未来感的元素和创意视觉效果,色彩对比鲜明

GPT-4o生成的内容如图3-2所示。

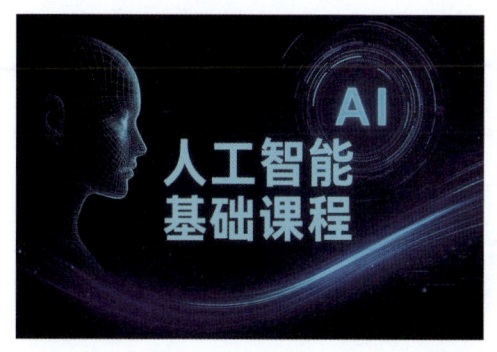

图3-2

GPT-4o可以准确理解提示词，生成在线课程封面初稿。我们通过GPT-4o高度自动化的图像生成过程，不仅节省了设计时间，也降低了设计成本，同时确保了视觉效果符合品牌调性和课程定位。

## 3.3 涂鸦或草图变彩图

创意往往始于随性的涂鸦或草图，GPT-4o可以将随性的涂鸦或草图转换成生动的彩图。

提示词模板：

> 请将这张【原图类型】的涂鸦或草图转换成一张彩图，要求风格【风格描述】、色彩【颜色要求】、细节【细节描述】，保留原始创意

提示词示例：

请将这张简单的线条涂鸦转换成一张生动的彩图，采用卡通风格，运用饱和的色彩和细腻的阴影表现，既保留线条涂鸦的创意，又具备专业视觉效果

上传一张样图，如图3-3所示。

图3-3

GPT-4o生成的内容如图3-4所示。

图3-4

对比图3-3和图3-4可以看到，GPT-4o能解析简单的线条涂鸦并将其自动转换成彩图，还能自动填充颜色，调整阴影和高光，使生成的图像既保留原有的创意，又具备专业视觉效果。

## 3.4 古诗词插图

古诗词凝聚了中国传统文化的精髓，蕴含着丰富的意象和深邃的情感。利用GPT-4o，不仅能解析诗词中的语义和意境，还能自动生成符合诗词风格的艺术插图。

提示词模板：

> 请将这首【古诗词】意境转换成一张插图：【内容描述】

提示词示例：

> 请将这首《静夜思》中的"床前明月光，疑是地上霜"的意境转换成一张插图：风格典雅古朴、画面布局富有诗意，运用柔和的色彩与清新的笔触表现诗中的意境，既体现诗词的内涵，又符合现代审美标准

GPT-4o生成的内容如图3-5所示。

图3-5

## 3.5 课文配图

课文配图旨在通过生动形象的视觉元素辅助教学，将抽象或复杂的知识点以直观形象的方式呈现，提高学生的阅读兴趣和理解能力。GPT-4o可以根据课文内容、主题和目标学生群体，生成多样化的视觉创意与配图方案，并从色彩搭配、图文比例、情感表达等方面给出专业建议，使设计师或教育工作者在制作课文配图时获得灵感，还能保证课文配图的整体风格与课文主题的高度契合。

提示词模板：

> 请为【课文选段】设计一张课文配图，风格【风格描述】，要求在图文搭配上突出【主要情节或知识点】，色彩和构图需传递【情感/氛围】，适用于【教育阶段及科目】的教材使用

提示词示例：

请为《少年闰土》中的"深蓝的天空中挂着一轮金黄的圆月，下面是海边的沙地，都种着一望无际的、碧绿的西瓜。其间有一个十一、二岁的少年，项戴银圈，手捏一柄钢叉，向一匹猹尽力地刺去。那猹却将身一扭，反从他的胯下逃走了"设计一张课文配图，风格温馨写实，要求在图文搭配上突出主人公的童年故事和农村风情，色彩和构图需传递宁静、温暖的情感，适用于小学语文教材使用

GPT-4o生成的内容如图3-6所示。

图3-6

## 3.6 黑板报

黑板报是学校传递重要信息、宣传活动及展示创意的重要形式。精心设计的黑板报能通过合理的色彩搭配、图文结合和版面布局，有效突出核心信息或活动内容，增强宣传效果。GPT-4o能针对不同的使用场景和主题，从整体布局、色彩搭配到图形装饰、文字排版，提供完整的黑板报设计方案。

提示词模板：

> 请设计一张关于【主题】的黑板报，风格【风格描述】，要求突出【核心信息或活动内容】，在色彩和版面上兼顾信息传达和美学效果，适用于【使用场景】

提示词示例：

---

请设计一张关于"春季运动会"的黑板报，风格明快活泼，要求突出运动会主题、活动时间和地点，在色彩上通过鲜明对比传递活力，适用于学校公告栏展示

---

GPT-4o生成的内容如图3-7所示。

图3-7

## 3.7 知识点插画

面对抽象或复杂的知识点，纯文本讲解往往显得枯燥且难以理解。GPT-4o可以生成直观的知识点插画，实现知识点的可视化表达。

提示词模板：

> 请生成一张【知识点描述】的知识点插画，要求图像【直观表达方式】、风格【风格描述】，富有【趣味/创意性】，帮助理解抽象的概念

提示词示例：

---

请生成一张展示电路原理的知识点插画，使用简洁直观的图形和符号表现电流及电路连接，加入趣味元素以帮助学生理解抽象的概念

---

GPT-4o生成的内容如图3-8所示。

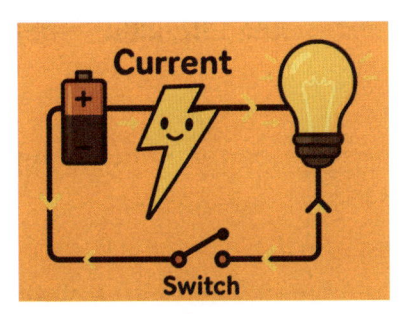

图3-8

提示词示例：

请生成一张视觉化的知识点插画，解释"广东的'回南天'是怎么来的"

GPT-4o生成的内容如图3-9所示。

图3-9

提示词示例：

请生成一张单词卡片，包含单词"apple"、音标、词性、一张匹配的美图、美图对应的英文、一句用单词"apple"造出的英文句子及其中文解释

GPT-4o生成的内容如图3-10所示。

图3-10

GPT-4o生成的知识点插画在帮助学生快速掌握知识点的同时，为教学内容增加了趣味性和记忆点，可改善整体的教学效果。

## 3.8 公式的趣味展示

公式虽然是知识的载体，但常常让人望而生畏。

提示词模板：

> 请将【公式】以【趣味/艺术】的形式呈现，要求【艺术设计风格】、元素【附加装饰或动态表现】，使公式更易理解

提示词示例（仅供参考）：

---

请将公式

$$F=am$$

以卡通化和艺术化的形式呈现，在图中加入相关动画元素，使复杂的公式看起来生动有趣且更易理解

---

GPT-4o生成的内容如图3-11所示（仅供参考）。

图3-11

利用GPT-4o，可以将公式以趣味横生的形式展示。这样，复杂的公式不仅变得更易理解，还能激发学生的学习兴趣，从而改善教学效果。

## 3.9 思维导图

思维导图作为一种直观的信息整理和逻辑表达工具，能够帮助

我们清晰地展现复杂的知识结构及思考过程。GPT-4o凭借对文本和结构化信息的理解能力，能够根据主题、关键概念和逻辑关系，生成详细的思维导图。

提示词模板：

> 请根据【主题/项目名称】设计一张思维导图，要求突出【主要观点或结构】，在节点布局和分支关系上体现【逻辑关系】，使用【风格或色彩方案】，适用于【使用场景】

提示词示例：

请根据"社交媒体营销"设计一张思维导图，要求突出精准定位目标客户、自动化营销流程、电商领域的AI帮助字典、利用AI技术分析市场趋势及AI辅助内容创作五大关键模块，在节点布局上体现层次分明的逻辑关系，使用清新明快的色彩方案，适用于企业内部头脑风暴会议

GPT-4o生成的内容如图3-12所示。

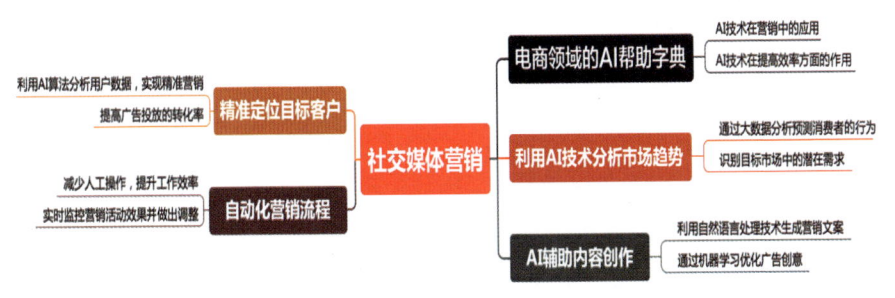

图3-12

## 3.10 可视化图表

在数据驱动的互联网普及的当下,可视化图表的重要性不言而喻。GPT-4o能够依据提示词中的数据和需求,自动生成既美观又实用的可视化图表。

提示词模板:

> 请生成一张【图表类型】图表,展示【数据描述或统计内容】,要求图表设计【风格描述】、数据【展示要求】,具有【视觉美感/清晰标注】

提示词示例:

---

请生成一张趋势图,展示过去五年中学生人数的变化,要求图表设计简约美观,数据标注清晰、易于比较

---

GPT-4o生成的内容如图3-13所示。

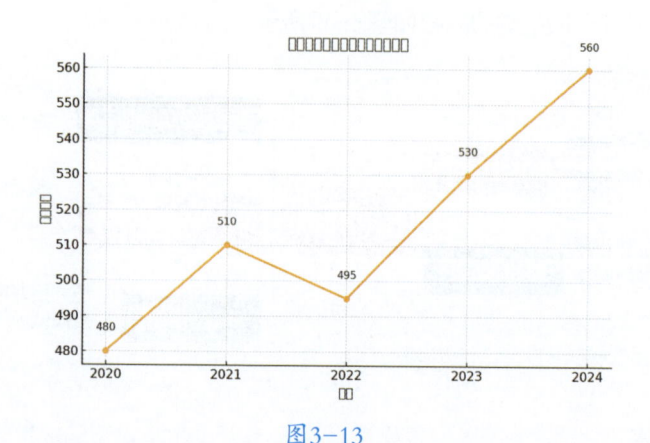

图3-13

图3-13中的方格乱码是我们没有设定表格相关参数导致的，我们根据需要灵活设置即可。

提示词示例：

---

请生成一张关于Python、C、Java、JavaScript、Scratch编程语言最新占比情况的饼图

---

GPT-4o生成的内容如图3-14所示。

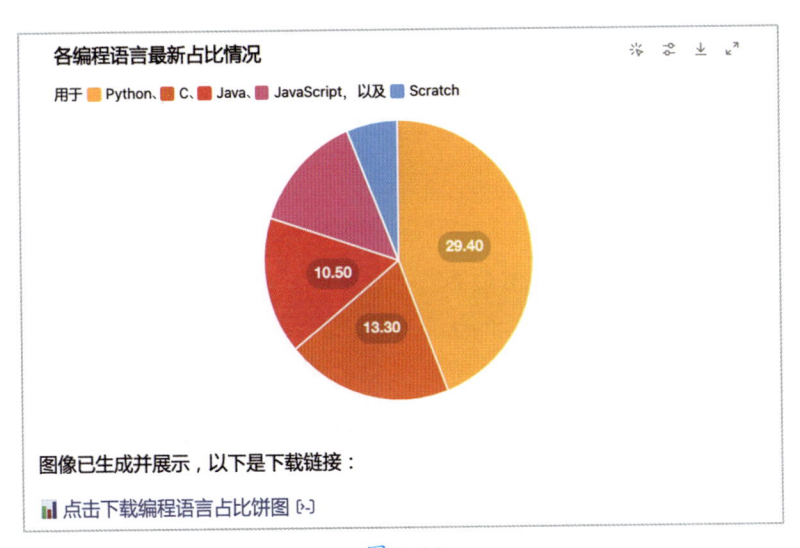

图3-14

GPT-4o会自动搜索在提示词中提到的编程语言占比数据，绘制成指定的图像，对于具体数据，我们需要反复确认。

无论是统计图、趋势图还是信息图，GPT-4o都能根据提示词

中的要求，提供精准且具有艺术感的可视化图表设计方案。

## 3.11　培训海报

培训海报常常用于宣传、推广培训活动，并且快速传达培训活动的关键信息。

提示词模板：

> 请生成一张培训海报，主题为【活动主题或课程名称】，风格【风格描述】，重点展示【关键信息】，要求【设计要求，如吸引眼球、信息布局合理等】

提示词示例：

> 请生成一张现代风格的英文版的培训海报，主题为"Python编程技能提升"，在海报中需要明确培训时间、地点及简介，设计简约大气且有吸引力

GPT-4o生成的内容如图3-15所示。

图3-15

GPT-4o能够整合课程主题、关键消息和视觉元素，在短时间内生成多样化的海报设计方案。这种自动化的设计方式不仅丰富了培训海报的设计风格，还使宣传活动更具时效性和灵活性。

如果想将图3-15所示培训海报中的英文翻译成中文，则可以继续输入提示词：

| 生成中文

GPT-4o生成的内容如图3-16所示。

图3-16

如果对生成的内容不满意，则可以直接修改提示词，进行培训海报的多次生成和修改。

## 3.12 数字证书

随着在线课程的普及，数字证书成为学生学习成就的重要象征。

提示词模板：

> 请设计一张数字证书，主要内容包括【证书名称或荣誉】、【颁发机构或标志】，背景采用【风格描述】，布局【版式要求】，适用于【应用场景】

提示词示例：

---

请设计一张数字证书，突出"优秀学员"的荣誉感，背景采用白金渐变风格，包含学校徽标和签名区域，适用于在线认证场景

---

GPT-4o生成的内容如图3-17所示。

图3-17

有时，GPT-4o所生成图像的中文部分会出现乱码，中文乱码解决方案可参考1.9节。

## 3.13 奖励徽章

在线教育平台通常会引入游戏化机制，通过奖励徽章来激励学生不断进步。

提示词模板：

> 请生成一个奖励徽章图标，要求【设计要求，如标志性、创意】，风格【风格描述】，适用于【奖励场景，如学习、竞赛等】

提示词示例：

---

请生成一个奖励徽章图标，风格活泼、造型独特，图案简洁而富有创意，适用于在线学习奖励系统

---

GPT-4o生成的内容如图3-18所示。

GPT-4o能够生成风格多样、富有创意的奖励徽章图标。这些奖励徽章不仅能作为学生学习成就的象征，还能通过趣味性和有辨识度的设计，持续激发学生的学习热情。

图3-18

# 第 4 章

# 商业应用

有创意的视觉内容已成为品牌传播和营销策略中不可或缺的一部分。无论是社交媒体、电子商务还是传统媒体,高质量的视觉内容都能极大地提升信息的吸引力和传播效果。本章将深入探讨 GPT-4o 在商业领域的广泛应用,展示如何利用这一强大的工具来满足各种商业设计需求。

## 4.1 微信公众号头图

微信公众号头图作为微信公众号视觉风格的重要组成部分,通常承担着吸引人眼球、传达微信公众号定位和内容方向的作用。一个清晰、符合品牌调性的微信公众号头图有助于快速传达微信公众号的主题,给人留下深刻印象。

提示词模板:

> 请生成一张微信公众号头图,主题为【主题描述】,风格【风格描述】,色调【色调说明】,设计元素【关键图形或符号】,适用于【目标受众或场景】

提示词示例:

---

请生成一张简约大气的微信公众号头图,主题为"科技前沿",将蓝色和灰色作为主色调,加入科技感线条和图标设计,适用于科技资讯类微信公众号

---

GPT-4o生成的内容如图4-1所示。

图4-1

## 4.2 知识星球头图

知识星球头图通常用于社群平台,旨在展示该社群的专业领域

和独特魅力。优秀的知识星球头图能够快速传达社群主题，让用户感受到该社群的专业性和吸引力。

提示词模板：

> 请生成一张知识星球头图，主题为【主题或领域】，风格【风格描述】，包含【元素描述，如图标、文字排版等】，整体设计要求【设计目标，如简约、时尚、专业等】

提示词示例：

> 请生成一张极简风格的知识星球头图，主题为"数字营销"，采用清新色彩，搭配相关营销符号及简洁的版面，凸显专业性

GPT-4o生成的内容如图4-2所示。

图4-2

## 4.3　电子书封面

电子书封面是吸引读者注意力的重要视觉载体,它不仅要传达电子书的主题,还要体现电子书的内涵。设计精美的电子书封面能够显著提升电子书的整体品质。

提示词模板:

> 请设计一个电子书封面,标题【书名】、副标题【有则写】,风格【风格描述,如现代、复古或科技感等】,背景元素【背景图案或颜色要求】,旨在传达【主题理念】

提示词示例:

---

请设计一个有现代科技感的电子书封面,书名为"GPT-4o绘画大全",背景采用红色和紫色的渐变色,并融入未来城市和数据流元素,旨在传达科技与创新的理念

---

GPT-4o生成的内容如图4-3所示。

GPT-4o可以生成具有高识别度和吸引力的电子书封面,为读者呈现既美观又极具内涵的视觉效果。

图4-3

## 4.4 小红书封面

小红书封面作为小红书上内容展示的窗口，需要兼具时尚感与生活气息。根据我们精心设计的提示词，GPT-4o可以生成既符合小红书风格又吸引目标用户注意力的封面。

提示词模板：

> 请生成一个小红书封面，主题为【主题描述或内容类别】，风格【风格描述，如时尚、精致或生活化等】，要求【突出内容或品牌特色】，适合吸引目标用户的注意力

提示词示例：

请生成一个时尚且充满生活气息的小红书封面，主题为"冬季穿搭指南"，在设计上突出精致的服饰细节，整体风格清新、明快

GPT-4o生成的内容如图4-4所示。

利用GPT-4o，我们可以获得具备鲜明个性的小红书封面，既符合内容定位，也有效提升用户的点击率和参与度。

图4-4

## 4.5 视频封面

视频封面直接影响用户对视频内容的第一印象。因此，一个优秀的视频封面不仅要引人入胜，还要准确传达视频的主题，激发观众的观看兴趣。

提示词模板：

> 请生成一个视频封面，主题为【视频主题】，风格【风格描述，如动感、创意或专业等】，设计元素【如频道Logo、标题文字排版等】，要求吸引人眼球且易于辨识

提示词示例：

---

请生成一个动感十足的视频封面，主题为"健身锻炼教程"，风格现代且充满活力，在设计上融入健身器材与运动剪影，突出视频标题

---

GPT-4o生成的内容如图4-5所示。

根据我们精心设计的提示词，GPT-4o不仅能生成吸引力十足的视频封面，还能突出视频主题，为整体的视频内容增色不少。

图4-5

## 4.6 直播预告海报

直播预告海报在直播推广中至关重要，它不仅要传达直播的主题和时间，还要以醒目的设计吸引观众的注意力。

提示词模板：

> 请生成一张直播预告海报，主题为【直播主题】，风格【风格描述，如时尚、活泼或创意等】，重点展示【关键信息，如直播时间、嘉宾信息等】，使信息传达无误

提示词示例：

请生成一张时尚、现代的直播预告海报，主题为"择天传媒明星访谈"，在设计上需要明确标注直播时间和嘉宾信息，同时采用抢眼的色彩和排版吸引观众的注意力

GPT-4o生成的内容如图4-6所示。

GPT-4o能帮助我们生成内容丰富、信息明确的直播预告海报，为直播活动带来更高的关注度和参与度。

图4-6

## 4.7 白底商品图

白底商品图常用于电商平台，能够突出商品本身的细节和质感。根据我们精心设计的提示词，GPT-4o生成的白底商品图能精准展示商品的优势，提升用户的购买意愿。

提示词模板：

> 请生成一张白底商品图，展示【商品名称或类型】，突出产品细节【如质感、功能亮点等】，风格【风格描述，如简洁、专业等】，适用于电商平台

提示词示例：

---

请生成一张白底商品图，展示一款新型耳机，突出耳机的设计细节和品牌标识，整体风格简洁、专业，适用于电商平台

---

GPT-4o生成的内容如图4-7所示。

也可以准备好商品图，让GPT-4o生成指定风格的白底商品图，具体玩法详见2.8节。

图4-7

## 4.8 促销活动图

促销活动图需要在短时间内传递优惠信息和营造活动氛围,吸引用户关注和参与。根据我们精心设计的提示词,GPT-4o生成的促销活动图既能表达促销主题,又能营造浓烈的活动气氛。

提示词模板:

> 请生成一张促销活动图,主题为【活动主题或优惠信息】,风格【风格描述,如热情、具有节日气息或年轻化等】,设计要求【如明显标注折扣、优惠码或活动时间等】,营造活动氛围

提示词示例:

---

请生成一张充满节日气息的促销活动图,主题为"春节狂欢特惠",在设计上需要突出低至五折的优惠信息,整体风格喜庆,适合线上促销使用

---

GPT-4o生成的内容如图4-8所示。

图4-8

## 4.9 数字人形象

数字人形象是现代商业与AI技术结合的产物,常用于虚拟助手、品牌代言等场景中。理想的数字人形象应具备独特性、科技感及亲和力。

提示词模板:

> 请生成一个数字人形象,在形象上需要体现【特定形象或角色定位,如未来科技感、智能交互等】,风格【风格描述,如现代、未来感或拟人化等】,配色【指定色调或其他要求】,表现【独特表情或动作等】,适用于【场景】

提示词示例:

---

请生成一个未来感十足的数字人形象,在形象上需要体现智能与科技感,采用冷色调配色,面部表情友好、造型简洁,适用于虚拟助手展示

---

GPT-4o生成的内容如图4-9所示。

GPT-4o能够根据提示词构思并生成富有科技感和亲和力的数字人形象,满足多样化商业场景的应用需求。

图4-9

## 4.10 广告分镜脚本

创作广告分镜脚本是广告视频拍摄或动画制作的重要前期准备工作,通过它可以明确每个分镜的构图、动作和情节。根据我们精心设计的提示词,GPT-4o能够帮助我们创作出结构清晰、情节连贯的广告分镜脚本,为后续的广告视频拍摄或动画制作提供有力支持。

提示词模板:

> 请生成一组广告分镜脚本,包含【分镜数量或分镜名称】,主题为【广告主题】,风格【风格描述,如剧情、幽默或创意等】,每个分镜都需要【主要场景、动作或情节描述】,以便进行后续的广告视频拍摄或动画制作

提示词示例:

> 请生成一组6格广告分镜脚本,主题为"环保新生活",要求各分镜的风格都温馨且充满创意,详细描述产品与环保理念的结合场景,例如:第一格介绍产品背景,第二格展示用户互动,以此类推

GPT-4o生成的内容如图4-10所示。

图4-10

## 4.11 品牌宣传海报

品牌宣传海报是企业进行品牌传播的重要视觉载体，通过独特的设计语言展示企业理念、品牌形象及核心竞争力。精心设计的品牌宣传海报能够吸引目标受众的注意力，在市场中形成鲜明的品牌识别度。

提示词模板：

> 请生成一张品牌宣传海报，主题为【品牌口号或宣传主题】，风格【风格描述】，主要元素【元素描述，如Logo、标语等】，色调【色调描述】，适用于【目标受众或场景】

提示词示例：

> 请生成一张以"创新引领未来"为主题的择天数字传媒公司的品牌宣传海报，设计风格现代简洁，主要包含企业Logo、标语及有科技感的背景，色调以蓝色和灰色为主，适用于品牌推广活动

GPT-4o生成的内容如图4-11所示。

GPT-4o可以设计与品牌形象匹配的宣传海报，有效提升品牌知名度与市场影响力。

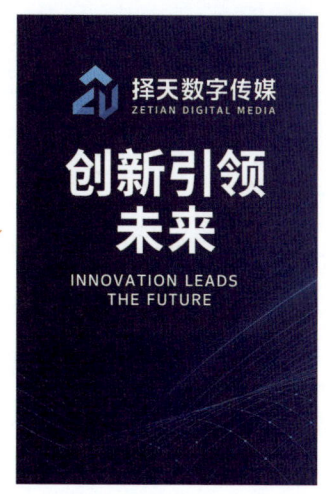

图4-11

## 4.12 社交媒体广告图

社交媒体广告图需要迅速吸引用户的注意力，传达促销或广告信息。针对不同社交媒体平台的特性，广告图的设计不仅要美观、时尚，还要具备一定的互动性和吸引力，便于提高用户的点击率和参与度。

提示词模板：

> 请生成一张社交媒体广告图，主题为【广告主题或促销信息】，风格【风格描述，如潮流、创意或简约等】，设计要求包括【元素描述，如优惠信息、购买按钮等】，适用于【目标社交平台】

提示词示例：

> 请生成一张具有时尚创意的社交媒体广告图，主题为"必备好书推荐"，在设计上突出优惠信息和购买按钮，风格简约且富有潮流感，适用于小红书App推广

GPT-4o生成的内容如图4-12所示。

GPT-4o可以生成既符合社交媒体审美标准，又能有效传达广告信息的社交媒体广告图，为线上推广提供强有力的支持。

图4-12

## 4.13 产品宣传册

产品宣传册是展示产品特点、技术参数及整体设计理念的重要营销工具。高质量的产品宣传册不仅有助于客户全面了解产品,也是企业形象的重要体现。产品宣传册在设计上需要兼顾信息传递的有效性与视觉美感,确保内容清晰、直观。

提示词模板:

请生成一份产品宣传册设计稿,主题为【产品名称或系列】,风格【风格描述,如专业、现代、科技或简约等】,页面设计需要突出【主要产品特点或技术参数】,色调【色彩要求】,适用于【产品营销或展会展示】

提示词示例:

请生成一份以"智能家居系列"为主题的产品宣传册设计稿,风格现代、专业,在每页都突出不同产品的特点与技术参数,采用清晰的图文布局和蓝白色调,适用于展会展示及线上推广

GPT-4o生成的内容如图4-13所示(此图仅用于演示,未对细节进行修改)。

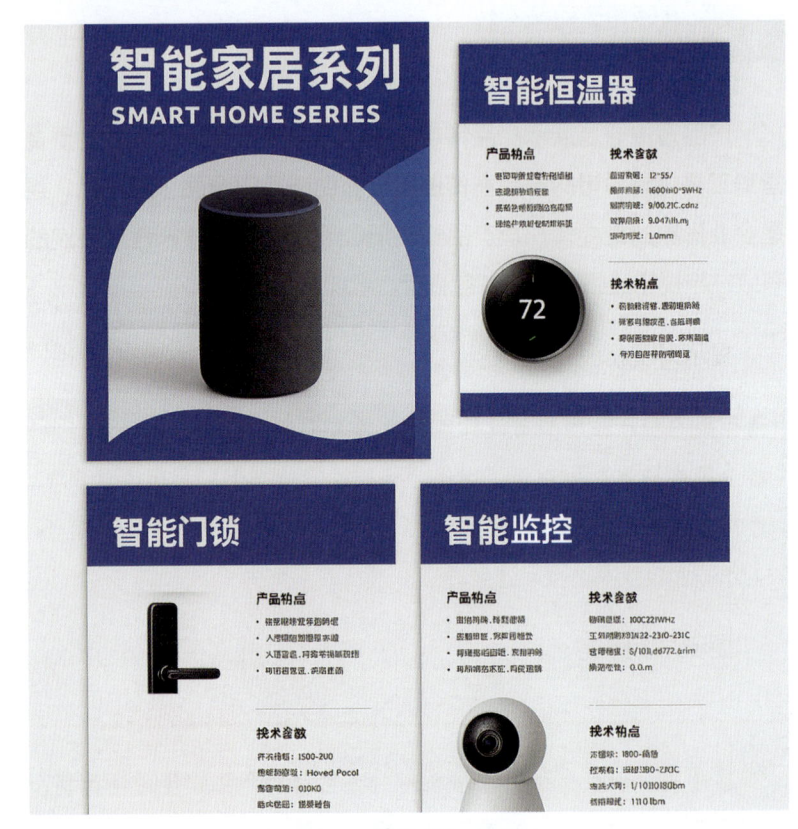

图4-13

　　GPT-4o能够生成既具备信息传达功能又具备视觉美感的产品宣传册设计稿，有效提升产品的市场竞争力。

## 4.14　活动邀请函

活动邀请函作为活动开展前的重要材料，承担着传递活动信息、营造氛围及引导受邀者参与的重要职责。活动邀请函应突出活动的主题、时间与地点等关键信息，兼顾视觉美感与吸引力。

提示词模板：

> 请生成一张活动邀请函，主题为【活动名称或主题】，风格【风格描述，如高雅、趣味或创意等】，包含【活动的时间、地点、参与嘉宾等关键信息】，色调【色彩描述】，适用于【活动类型，如晚宴、发布会或派对等】

提示词示例：

请生成一张高雅风格的活动邀请函，主题为"企业年度盛典"，需要包含活动的时间、地点及参与嘉宾信息，背景采用暖色调和精致图案，适用于企业高端晚宴邀请

GPT-4o生成的内容如图4-14所示。

GPT-4o可以确保活动邀请函既具备独特风格，又清晰传递活动信息，为活动的成功举办打下基础。

图4-14

## 4.15 企业报告封面

企业报告封面作为年度或专题报告的重要视觉入口，不仅反映了企业报告内容的严谨性与权威性，也是企业形象的重要展示窗口。企业报告封面在设计上应做到形式与内容相辅相成，既能传递专业信息，又能具备视觉美感。

提示词模板：

> 请设计一张企业报告封面，标题为【报告标题】，副标题【如果有】，风格【风格描述，如正式、现代或简约等】，背景图案【如图标、线条或图形装饰等】，色调【色彩说明】，适用于【企业或行业】。

提示词示例：

请设计一张正式风格的企业报告封面，标题为"2025年度业绩报告"，采用简洁的现代设计风格，背景加入淡雅图形装饰，主色调为灰蓝色，适用于金融企业

GPT-4o生成的内容如图4-15所示。

GPT-4o可以生成既符合企业报告严谨风格又具备视觉美感的封面，为企业报告的整体质感加分。

图4-15

## 4.16 复古宣传海报

GPT-4o能够为平面图像或插画添加复古宣传海报效果，包括复古色调、颗粒纹理、老式海报排版及典型复古元素（如胶片划痕、纸张折痕和褪色效果），适用于主题推广和创意项目。

提示词模板：

> 复古宣传海报风格，突出中文文字，背景为红黄放射状图案。【画面和主题描述】

提示词示例：

---

复古宣传海报风格，突出中文文字，背景为红黄放射状图案。

画面中心绘制一位面带微笑、气质优雅的年轻女性形象，风格精致、复古。海报主题为"DeepSeek最新AI绘画服务"，海报的主要内容：惊爆价0.9元/张；适用各种场景、图像融合、局部重绘；每张提交3次修改；AI直出效果、无须修改。

下方标注"有意向点右下'我想要'"，并绘制点击文字"我想要"的手指图示。

底部左下角标注"DEEPSEEK"及一个Logo

---

GPT-4o生成的内容如图4-16所示。

图4-16

## 4.17 时尚杂志封面

GPT-4o能够巧妙融合人物肖像、时尚元素与经典版式,生成具有视觉冲击力的时尚杂志封面,适用于品牌推广场景。

提示词模板:

> 【人物描述】
> 整体拍摄呈现高清细节质感,类似时尚杂志封面设计,图像上方的中央位置标注文字"FASHION DESIGN"。画面背景采用简约的纯浅灰色,以突出人物主体

提示词示例:

---

一位身着粉色旗袍的优雅女性,头戴花饰,秀发间点缀缤纷花朵,颈配白色蕾丝领。其手轻托数只大蝴蝶。

整体拍摄呈现高清细节质感,类似时尚杂志封面设计,图像上方的中央位置标注文字"FASHION DESIGN"。画面背景采用简约的纯浅灰色,以突出人物主体

---

GPT-4o生成的内容如图4-17所示。

图4-17

## 4.18 Emoji簇绒地毯

GPT-4o能够巧妙融合丰富多彩的表情符号与柔软蓬松的簇绒地毯质感，适用于室内装修、电商商品展示或品牌活动等场景。

提示词模板：

> 生成一张色彩鲜艳的手工簇绒地毯图像，形状为【Emoji】表情符号，置于简单的地板上。地毯设计大胆、有趣，具有柔软蓬松的质感和粗纱线细节。
> 从上方拍摄，在日光下带有略微古怪的DIY美学风格。采用色彩鲜艳、卡通轮廓、触感舒适的材料——类似于手工簇绒艺术地毯

将提示词模板中的"Emoji"改为图4-18所示的表情符号。

GPT-4o生成的内容如图4-19所示。

图4-18

图4-19

## 4.19 Emoji雪糕

GPT-4o能够巧妙融合丰富多彩的表情符号与雪糕风格,适用于社交媒体营销和儿童品牌设计场景。

提示词模板:

> 将【Emoji】变成一根奶油雪糕,奶油在雪糕顶上呈曲线流动状,看起来美味可口,45°悬浮在空中,Q版3D可爱风格,一致色系的纯色背景

将提示词模板中的"Emoji"改为图4-20所示的表情符号。

图4-20

GPT-4o生成的内容如图4-21所示。

图4-21

## 4.20 Emoji丝绸物品

GPT-4o能够巧妙融合丰富多彩的表情符号与丝绸物品光泽，适用于时尚品牌和家居装饰项目。

提示词模板：

> 将【Emoji】变成一个柔软的3D丝绸质感的物品。整个物品表面包裹着顺滑流动的丝绸面料，带有超现实的褶皱细节、柔和的高光与阴影。该物品轻轻漂浮在干净的浅灰色背景中央，营造轻盈、优雅的氛围。整体风格超现实、触感十足且现代，营造舒适、精致、有趣的氛围。工作室灯光，高分辨率渲染

将提示词模板中的"Emoji"改为图4-22所示的表情符号。

图4-22

GPT-4o生成的内容如图4-23所示。

图4-23

## 4.21 Emoji靠垫

GPT-4o能够巧妙融合丰富多彩的表情符号与柔软布艺的质感，适用于室内软装和产品定制场景。

提示词模板：

> 创建一个高分辨率的3D渲染图，设计以【Emoji】为主题的靠垫。使用平滑的哑光纹理，并带有细微的织物褶皱和缝线，以突出充气的外观。形状应略显不规则且有弹性，搭配柔和的阴影、光线，以突出体积感和逼真感。背景干净、简约（浅灰色或淡蓝色）

将提示词模板中的"Emoji"改为图4-24所示的表情符号。

图4-24

GPT-4o生成的内容如图4-25所示。

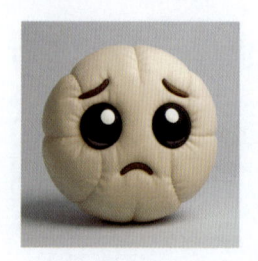

图4-25

## 4.22 定制钥匙链

GPT-4o能够巧妙融合我们提供的人像、徽标等图案与钥匙链模型，通过仿真金属光泽、雕刻纹理或搪瓷填色效果，生成精致的定制钥匙链设计图案，为我们进行礼品制作和品牌周边产品开发提供灵感。

提示词示例：

---

钥匙链以"样图"的Q版形象为主题，采用软橡胶材质，轮廓用粗黑线勾勒，并连接一个小巧的银色钥匙圈，背景为中性色调

---

上传一张样图，如图4-26所示，并输入以上提示词。

图4-26

GPT-4o生成的内容如图4-27所示。

图4-27

## 4.23 可爱的珐琅别针

GPT-4o能够巧妙融合可爱的卡通元素与金属珐琅质感，帮助我们快速获取兼具创意趣味与真实材质效果的产品设计图。

提示词示例：

---

将样图中的主题变成可爱的珐琅别针。以金属轮廓和色泽鲜艳的珐琅填充。无须额外添加任何功能。方形模型格式。白色背景

---

上传一张样图,如图4-26所示。GPT-4o生成的内容如图4-28所示。

图4-28

# 第 5 章

## 设计创作

下面讲解GPT-4o在设计创作中的应用,我们可以灵活运用其中的提示词模板,根据实际需求灵活调整提示词,并在创作过程中保持风格统一。这不仅有助于理清设计思路,还有助于大幅提升设计效率与GTP-4o输出内容的质量。

### 5.1 Logo

Logo作为品牌的核心视觉符号,承载着品牌的理念和形象,能够快速吸引受众的注意力,建立品牌认知和情感联结。独特且富有辨识度的Logo设计是品牌成功的重要基石。

GPT-4o可以快速生成多样化的Logo创意,提供历史案例与风格分析,并支持多种设计风格(如极简、复古、科技、手绘等,见第6章)的文字描述,还可以根据品牌定位、目标受众和市场趋势给出专业建议。

提示词模板：

> 请设计一个【风格描述】风格的Logo，要求具备【元素】，传递【品牌理念】，适用于【应用场景】

提示词示例：

---

请设计一个极简科技风格的Logo，要求具备几何图形和流畅线条，传递未来感和创新精神，适用于展示择天数字媒体公司的品牌形象

---

GPT-4o生成的内容如图5-1所示。

图5-1

如果我们有喜欢的Logo风格，则也可以将相关Logo上传给GPT-4o，让其生成类似风格的Logo，如图5-2所示。

图5-2

GPT-4o 生成的内容如图 5-3 所示。

图 5-3

## 5.2 字体

字体在品牌传播中不仅具有传达信息的基本功能，还能体现企业的文化底蕴与调性。精心挑选和设计的字体能显著提升品牌形象，是视觉传达的重要组成部分。GPT-4o 不但能提供细致的字体风格解析与建议，比如衬线、无衬线、手写体等，还能从品牌调性、易读性和视觉冲击力等方面给出专业建议，并生成多种字体样式组合方案，辅助设计师快速筛选字体方案。

提示词模板：

> 请推荐适合【品牌类型】的字体设计，风格【风格描述】，需要兼顾【功能需求】，适用于【使用场景】。

提示词示例：

请推荐适合高端时尚品牌"LUMINAIRE"的字体设计，风格细腻

优雅,需要兼顾品牌辨识度和阅读流畅性,适用于网站和宣传册

GPT-4o生成的内容如图5-4所示。

图5-4

若字体符合要求,则可以继续输入提示词:

> 根据上面的字体,对"择天数字媒体"这几个字进行设计和输出,要求字体的笔画特征与参考字体高度一致,并保持透明背景

GPT-4o生成的内容如图5-5所示。

图5-5

我们也可以输入指定风格的字体,输入生成图5-3所用到的提示词进行风格迁移,因为版权问题,这里不做演示。

利用GPT-4o,我们可以快速得到字体设计方面的多种选择和布局建议,既提升工作效率,也确保整体视觉风格的一致性。

## 5.3 名片

名片不仅是一种联络工具,还是个人或品牌形象的延伸。GPT-4o提供了名片布局、排版、色彩搭配、印刷材质和工艺建议,可以结合品牌Logo的字体风格,生成整体的设计方案,为不同的场景(商务、创意、科技等)定制化设计策略。

提示词模板:

> 请为【品牌名称】设计一款【风格描述】风格的名片,要求体现【品牌特性】,并与品牌Logo的字体风格保持一致,同时建议适用的印刷材质与工艺

提示词示例:

请为创意设计工作室设计一款现代、简约风格的名片,要求体现创新性与品质感,并与品牌Logo及手写字体的风格保持一致,同时建议采用哑光印刷特质与局部烫金工艺

GPT-4o生成的内容如图5-6所示。

GPT-4o可以快速构建名片设计方案,既能保证设计细节的一致性,也能满足不同印刷材质与工艺的个性化需求。

图5-6

## 5.4 海报

GPT-4o可以生成多维度的海报设计思路，涵盖文字排版、色彩构图和图像布局，针对不同的活动（产品发布、促销、品牌活动）提出多样化的创意建议，可辅助选择合适的图像资源及文案，提升视觉吸引力。

提示词模板：

请设计一张【活动类型】海报，风格【风格描述】，主要元素包括【元素】，配色要求为【配色】，目标是传达【核心信息】

提示词示例：

请设计一张AI手机新品发布海报，未来科技感风格，主要元素包括高科技元素和简约线条，配色要求为蓝色和银色，目标是传达创新与前沿科技信息

GPT-4o生成的内容如图5-7所示。

GPT-4o可以快速构思创意方案，使海报既有视觉吸引力，又能准确传达活动信息。

图5-7

## 5.5 图标

图标设计在数字产品和品牌的宣传及信息传达中起到承上启下的作用，一个出色的图标应具备简洁、易辨识的特点，能够跨越语言和文化的限制，通过直观的视觉符号准确传达信息，是设计体系的重要组成部分。GPT-4o提供了系统化的图标设计建议，包括形状、线条、色彩等细节，能帮助梳理图标在UI设计、品牌宣传中的视觉一致性，并根据应用场景生成多套风格统一的图标集。

提示词模板：

> 请设计一套适用于【应用场景】的图标集，风格【风格描述】，要求图形简洁、易识别，颜色搭配与品牌整体色调一致

提示词示例：

---

请设计一套适用于移动App的图标集，风格扁平、极简，要求图形简洁、易识别，颜色搭配需要与品牌的蓝白色调一致

---

GPT-4o生成的内容如图5-8所示。

GPT-4o能够快速生成图标设计思路，确保图标在各应用场景中均具备统一且有高辨识度的视觉效果。

图5-8

## 5.6 UI界面

UI界面的设计直接关系到用户体验，通过视觉层面的良好布局和人性化的交互设计，可以显著提升产品的易用性和用户的满意度。一套优秀的UI界面设计不仅要美观，还要注重功能和响应速度，以适应不同设备和应用场景的需求。GPT-4o提供了全面的UI界面设计思路，包括信息架构、交互布局和色彩搭配，可根据用户的行为和应用场景，给出细致的UI元素设计建议，并生成多种UI界面布局方案，协助优化用户体验。

提示词模板：

> 请为【应用名称】设计一套UI界面，风格【风格描述】，要求界面简洁直观，重点突出【核心功能】，并考虑响应式设计需求

提示词示例：

> 请为一款健康管理App设计一套UI界面，风格现代、极简，要求界面简洁直观，重点突出数据监控和健康建议，适配手机和平板设备

GPT-4o生成的内容如图5-9所示。

GPT-4o能快速梳理设计思路，为UI界面提供专业、统一且美观的用户体验方案。

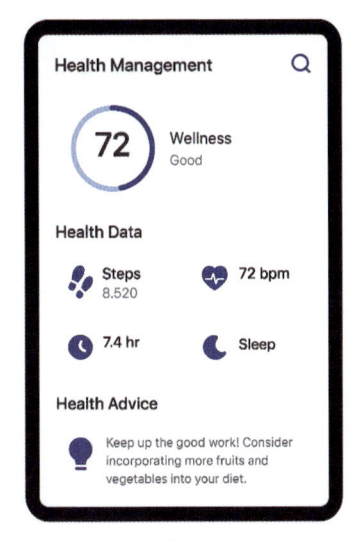

图5-9

## 5.7 原型图

原型图是产品开发过程中用于验证概念和交互逻辑的重要工具。通过详细展示产品开发流程和交互节点，原型图能够帮助团队快速识别问题，优化用户体验，并为后续的视觉和开发设计奠定坚实基础。GPT-4o可快速梳理应用流程和用户的交互逻辑，帮助构建清晰的原型图结构，并提供针对不同场景的交互设计建议，比如按钮布局、跳转逻辑等，为原型图设计提供丰富的参考模板和案例支持。

提示词模板：

请生成【应用名称】的原型图设计方案，重点考虑【用户流程】，风格【风格描述】，提供详细的交互步骤和界面节点说明

提示词示例：

请生成电商App的原型图设计方案，重点考虑购物流程和支付环节，风格清新、简约，详细描述每个交互节点和跳转逻辑

GPT-4o生成的内容如图5-10所示。

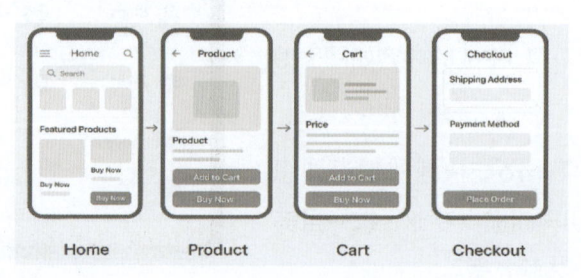

图5-10

## 5.8 食谱图

食谱图旨在通过生动直观的图像展示菜品的制作过程、原材料和最终成品效果，一张精心设计的食谱图能使视觉效果与内容传达完美平衡，提升用户体验和品牌吸引力。GPT-4o凭借其强大的自然语言理解与创意生成能力，可以快速整合视觉元素与文字说明，生成详细的食谱图方案与排版建议。

提示词模板：

> 制作一张步骤式的【食材】食谱图，视角从上往下，白色背景下的极简风格，配有标注的食材照片：
> 【食材要求】
> 图中使用图标（煮锅、炒锅、搅拌等）和虚线指引操作流程，底部展示成品【菜品】。

提示词示例：

制作一张步骤式的奶油蒜香蘑菇意大利面食谱图，视角从上往下，白色背景下的极简风格，配有标注的食材照片：
"200g意大利面"
"150g蘑菇"
"4瓣大蒜"
"200ml奶油"
"1汤匙橄榄油"
"帕玛森奶酪"

"香芹"

图中使用图标（煮锅、炒锅、搅拌）和虚线指引操作流程，底部展示成品意大利面

---

GPT-4o生成的内容如图5-11所示。

图5-11

图5-11中的中文出现乱码，这属于正常现象，我们根据需要进行后期优化即可。

## 5.9 首饰

首饰设计不仅是一种艺术表达，更是展示品位、个性和情感的重要媒介。它通过精细的设计表现首饰的质感、光影变化和细节构造，使首饰具备独特的魅力和时尚风格。GPT-4o能够综合考虑首饰的材质特性、造型风格和工艺要求，为首饰设计提供全面的构思和细节描述方案。

提示词模板：

> 请设计一款适用于【首饰类型】的首饰方案，风格【风格描述】，要求突出【主要设计元素】，并详细描述材质、光影效果和装饰细节，适用于【应用场景】

提示词示例：

---

请设计一种适用于项链的首饰设计方案，风格浪漫、优雅，要求突出精致的金属雕刻和镶嵌宝石的闪耀效果，并详细描述金属材质的质感、光线在宝石上的折射，以及整体造型的流畅线条，适用于高端珠宝展览和品牌宣传

---

GPT-4o生成的内容如图5-12所示。

GPT-4o还可以基于样图进行真实化处理，样图如图5-13所示。

图5-12 　　　　　图5-13

提示词示例：

---

基于样图生成红宝石材质的戒指设计方案

---

GPT-4o生成的内容如图5-14所示。

图5-14

对比样图5-13和图5-14可以看到，GPT-4o可以根据样图，生成高度还原的具有真实质感的戒指设计方案。

## 5.10 样机贴纸

样机贴纸作为产品与外界互动的视觉表现，能够提升产品的整体质感和品牌识别度。合理的样机贴纸设计不仅能美化产品外观，还能传达品牌理念，为产品增添时尚或科技感等独特风格。GPT-4o提供了对样机贴纸设计的创意建议，包括产品的材质、图案、色彩及应用场景等，能与品牌视觉及产品的包装设计做到风格统一，并提供针对不同产品的样机贴纸的个性化定制方案。

提示词模板：

> 请设计一款用于【产品类型】的样机贴纸图，风格【风格描述】，要求与产品的整体视觉匹配，同时传递【品牌/产品信息】，考虑【材质/工艺】等细节

提示词示例：

> 请设计一款用于智能音箱的样机贴纸图，风格极简、科技，要求与产品外观一致，同时传递科技感与现代生活理念，建议使用哑光贴纸工艺

GPT-4o生成的内容如图5-15所示。

还可以将生成的样机贴纸图融合到指定的产品图中，上传两张样图并输入提示词，如图5-16所示。

图5-15                  图5-16

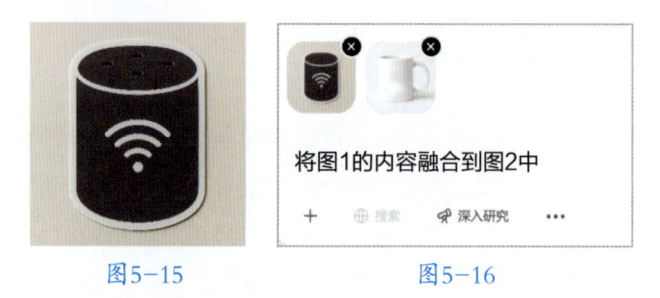

GPT-4o生成的内容如图5-17所示。

图5-17

GPT-4o能为样机贴纸设计提供详细、创意丰富的提示，确保样机贴纸在风格和细节上与产品完美融合，提升产品的整体质感。

## 5.11 手办

在制作手办时，要注重对角色适用、动态表现和细节的高度还原，通过对角色各个角度的精细描述，可以使手办更具立体感与表现力。这不仅有助于传达角色的内在精神，还为后续制作、雕刻和3D建模提供了详细指导，是艺术表现与商业应用的交汇点。GPT-4o能帮助设计师构思手办制作时的造型、细节与动态表现，并提供针对不同人物造型、姿态设计的参考建议。

提示词模板：

> 请参考样图设计一张手办图，要求具备【造型特征】和【动态效果】，风格【风格描述】，并展示各个角度的细节。
> 整体设计要有3D立体包装，并有吸引力，能呈现潮流形象

提示词示例：

---

请参考样图设计一张手办图，要求具备英勇姿态和动感表现，风格写实、奇幻，并展示各个角度的细节。

整体设计要有3D立体包装，并有吸引力，能呈现潮流形象

---

GPT-4o生成的内容如图5-18所示。

GPT-4o可以在手办制作阶段明确手办每个角度的细节，为后续的雕刻和制作提供详尽的创意依据。

图5-18

## 5.12 盲盒

盲盒在近年来成为潮流文化与收藏品市场的重要组成部分。通过充满悬念和惊喜的设计方式，盲盒不仅能吸引消费者的好奇心和探索欲望，还能激发消费者的收藏热情和促进二次交易。成功的盲盒设计方案需要兼顾整体美观性、产品故事、细节创意及随机组合的趣味性，为品牌创造独特的市场话题与用户互动体验。GPT-4o能快速整合文化潮流、品牌定位和消费者心理等多方面信息，为盲盒设计提供全流程的创意指导。

提示词模板：

> 参考样图，设计一款以【主题或IP名称】为概念的3D盲盒，风格【风格描述】，要求在产品造型、包装和故事背景上体现【核心卖点】，并考虑随机搭配和收藏价值，适用于【目标市场/消费群体】。
> 在盲盒纸盒上加入玩具外包装常见装饰图标和英文说明书，提升真实感；
> 包装文字为：×××（大字）×××（小字）；
> 公仔小人底部增加透明亚克力支撑底座；
> 盲盒纸盒包装图案与展示的公仔一致，为2D版图像；
> 背景为【颜色】

上传一张样图并输入提示词，如图5-19所示。

创建图片 参考样图设计一款3D盲盒。
包装盒为斜45度角，风格可爱；
在盒子上印有公仔的卡通图案；
包装文字为：择天数字传媒；
在盲盒纸盒上加入玩具外包装常见装饰图标和英文说明书，提升真实感；
公仔小人底部增加透明亚克力支撑底座；
盲盒纸盒包装图案与展示的公仔一致，为2D版图像；
背景为白色

图5-19

GPT-4o生成的内容如图5-20所示。

图5-20

我们还可以上传人物/产品或者宠物的样图，实现图像融合效果。上传两张样图并输入提示词，如图5-21所示。

请根据图1中的人物和图2中的宠物，生成3D盲盒。
以公仔人物为主，将宠物做成配件一起展示；
包装盒为斜45度角，风格可爱；
在盒子上印有公仔的卡通图案；
包装文字为：择天数字传媒
在盲盒纸盒上加入玩具外包装常见装饰图标和英文说明书，提升真实感；
公仔小人底部增加透明亚克力支撑底座；
盲盒纸盒包装图案与展示的公仔一致，为2D版图片；
背景为白色

图5-21

GPT-4o生成的内容如图5-22所示。

图5-22

## 5.13 包装

包装不仅仅是产品的外在容器，更是与消费者建立情感联系的重要媒介。精心设计的包装可以提升产品的市场辨识度，在货架陈列或线上展示时吸引目标用户。GPT-4o具备综合分析产品属性、品牌定位和市场趋势的能力，能够为包装设计提供思路。

提示词模板：

> 请设计一款适用于【产品名称】的包装方案，风格【风格描述】，要求突出【核心卖点】，在色彩、材质和工艺上考虑【具体需求】，适用于【应用场景/市场定位】

提示词示例：

---

请设计一款适用于高端化妆品的包装方案，风格极简、优雅，要求突出产品的高贵质感和环保理念，在色彩上考虑冷色调搭配金色细节，材质考虑可持续环保材料，适用于线上销售与实体专柜展示

---

GPT-4o生成的内容如图5-23所示。

图5-23

如果我们有包装图，则也可以直接将其上传给GPT-4o，并输入提示词，让GPT-4o生成包装图的立体图，如图5-24所示。

GPT-4o生成的内容如图5-25所示。

图5-24

图5-25

从色彩、材质、结构到印刷工艺，GPT-4o均能生成具有创意且实际可操作的设计方案，帮助我们快速锁定风格、优化细节和协调整体效果，并确保包装设计在传达品牌理念的同时具备市场竞争力。

## 5.14 周边产品

周边产品拓展了品牌触点，将核心视觉元素延伸至生活中的各类产品，比如服饰、家居和文创物品，使品牌影响力从单一形象扩展到多样化产品线，实现跨界营销与粉丝经济的深度结合。GPT-4o跨界联动设计，能为T恤、杯子、手袋等周边产品提供创意延伸方案，并能保证周边产品与核心品牌形象在风格上一致。

提示词模板：

将样图【Logo/元素】融合到一款以【品牌/IP名称】为主题的周边产品图中，类型为【产品类型】，风格【风格描述】，要求传达或体现【核心信息】，并附上材质和工艺建议

提示词示例：

将样图Logo融合到一款以"未来战士"为主题的T恤图中，潮流街头风格，要求体现力量与未来科技感，同时建议采用纯棉材质与数码印花工艺

例如，将图5-26所示的Logo融合到一款T恤图中。

创建图片 将样图Logo融合到一款以"未来战士"为主题的T恤图中，潮流街头风格，要求体现力量与未来科技感，同时建议采用纯棉材质与数码印花工艺

图5-26

GPT-4o 生成的内容如图 5-27 所示。

GPT-4o 有助于构思多样化产品组合方案，确保产品线在风格和品质上与主品牌保持高度一致，增强品牌的影响力。

图 5-27

## 5.15 室内装修

室内装修设计通过构建与品牌调性匹配的环境，不仅能为企业的工作环境或展示厅等营造独特的氛围，也能充分展现企业或品牌文化、现代感等，提升整体的室内空间品质与用户体验。GPT-4o 提供了室内装修设计的整体思路，从风格、色彩到材质搭配进行全方位建议，并能针对不同的空间（办公室、店面、展示厅等）给出定制化设计方案，协助生成空间布局、灯光设计及细节装饰方案，确保整体的氛围统一。

提示词模板：

> 请设计一个适用于【空间类型】的室内装修方案，风格【风格描述】，要求考虑【功能需求】和【氛围描述】，并提供具体的色彩、材质和布置建议

提示词示例：

请设计一个适用于品牌展示厅的室内装修方案，风格现代、简

约，要求强调宽敞、开放与科技感，建议使用冷色调、玻璃和金属材质搭配，并设计合理的灯光效果

GPT-4o生成的内容如图5-28所示。

图5-28

如果有设计图，则也可以直接将设计图上传给GPT-4o，让其生成真实的3D效果图。设计图如图5-29所示。

图5-29

GPT-4o生成的内容如图5-30所示。

图5-30

根据详细的提示词,GPT-4o能生成室内装修设计方案,不仅能帮助设计师快速构思整体风格,还能细致规划空间功能和氛围,确保设计与品牌调性高度契合。

## 5.16 IP三视图

　　IP三视图设计通过IP角色或物体正面、侧面和背面的展现,帮助设计师把握IP角色或物体的完整形象,是实现精准还原和后续3D建模的重要依据。通过细致的描述,可以更好地展现角色性格和细节,为角色设定打下坚实的基础。GPT-4o可根据角色或物体,从正面、侧面、背面给出设计思路,并结合故事背景、性格特征等提供多角度的创作灵感。它还支持详细描述细节,比如表情、服装、道具等,为后续进行3D建模打下基础。

提示词模板:

> 请为IP角色设计三视图(正面、侧面、背面),要求体现【角色性格/背景】,风格【风格描述】,并详细描述服装、表情和配饰细节

提示词示例:

---

请为一位未来战士设计三视图(正面、侧面、背面),要求体现坚毅和科技感,风格写实、科幻,详细描述其战斗服、护甲和配饰

---

GPT-4o生成的内容如图5-31所示。

图5-31

如果有设计好的IP形象,则也可以直接将其上传给GPT-4o,让其生成效果图,如图5-32所示。

图5-32

GPT-4o生成的内容如图5-33所示。

图5-33

## 5.17 RPG数字角色卡

GPT-4o能够将角色、属性与场景元素以经典的RPG卡牌格式呈现，适用于各类游戏和创意项目。

提示词模板：

> 创建一张RPG收藏风格的数字角色卡。
> 角色是一名【角色名】，【细节描述】。
> 采用3D卡通风格渲染，柔和的灯光，鲜明的个性。
> 包含技能条或属性，例如【技能】。
> 在顶部添加标题横幅，在底部添加名牌。
> 用干净的边缘装饰卡片，就像真正的模型盒一样。
> 背景符合职业主题。
> 颜色：温暖的高光，与职业相匹配的色调

提示词示例：

创建一张RPG收藏风格的数字角色卡。

角色是一名程序员，他自信地站着，手持与工作相关的工具，身旁有相关符号。

采用3D卡通风格渲染，柔和的灯光，鲜明的个性。

包含技能条或属性，例如CREATIVITY+10、UI/UX+8。

在顶部添加标题横幅，在底部添加名牌。

用干净的边缘装饰卡片，就像真正的模型盒一样。

背景符合职业主题。

颜色：温暖的高光，与职业相匹配的色调

GPT-4o生成的内容如图5-34所示。

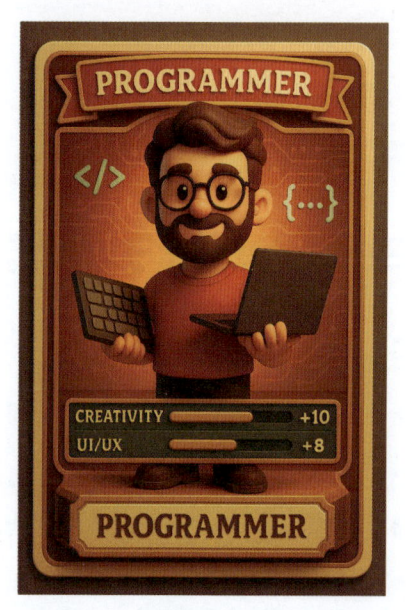

图5-34

## 5.18 物理破坏卡片

GPT-4o能够巧妙融合游戏卡牌与逼真的物理破坏效果，为各类战斗或技能展示提供丰富的图像设计方案。

提示词模板：

【场景描述】

【动作描述】

【卡牌细节】

提示词示例：

---

一幅超现实、电影感的插画，描绘了劳拉·克劳馥正在撞穿一张"考古探险"卡牌边框的场景。

她正在用绳索摆荡，穿着标志性的冒险装备，并在使用手枪射击，枪口的火焰将卡牌古老的石雕边框震碎，在破口周围制造可见的维度破裂效果，例如能量裂纹和空间扭曲，使灰尘和碎片四散飞溅。她的身体充满活力地向前冲出，带有明显的运动力度，突破了卡牌的平面。卡牌内部（背景）描绘了茂密的丛林遗迹或布满陷阱的古墓内部。卡牌的碎屑与飞舞的藤蔓、石头、古钱币碎片和用过的弹壳混合在一起。

"考古探险"的标题和"劳拉·克劳馥"的名字（带有一个风格化的文物图标）在卡牌剩余的布满裂纹和风化痕迹的部分可见。充满冒险感的动态的灯光突出了她的运动能力和危险的环境

---

GPT-4o生成的内容如图5-35所示（注意，其中的部分中文显示异常，解决方案见1.9节）。

图5-35

## 5.19 个性化房间设计

GPT-4o能够根据用户的喜好与功能需求,为室内空间智能搭配家具、色彩、装饰和布局等,适用于家居设计和装修决策场景。

提示词模板:

为【主题】设计【内容】。可爱3D风格,C4D渲染,轴测图

提示词示例:

为我生成我的房间设计图(床、书架、沙发、桌子和计算机、

墙上挂着画，屋里有绿植，窗外是城市夜景）。可爱3D风格，C4D渲染，轴测图

GPT-4o生成的内容如图5-36所示。

图5-36

## 5.20 指定形状的书架

GPT-4o能够将我们指定的任意形状（如字母、几何图案、主题轮廓）转换为可用家具拼装的书架设计图，并智能呈现3D模型与装饰效果，为室内设计和定制家具开发提供丰富的灵感。

提示词模板：

> 创建一张现代书架的图像，书架的造型灵感来自【Logo】的形状。
> 书架由流畅、互相连接的曲线构成，形成多个大小不一的分区。
> 整体材质为哑光黑色金属，曲线内部配有木质层板。
> 柔和温暖的LED灯带沿着内侧曲线勾勒轮廓。
> 书架被安装在一个中性色调的墙面上，上面摆放着色彩丰富的书籍、小型绿植和极简风格的艺术摆件。
> 整体氛围富有创意、优雅且略带未来感

将提示词模板中的"Logo"改为"麦当劳Logo"，GPT-4o生成的内容如图5-37所示。

图5-37

# 第6章

# GPT-4o的常用绘画风格

本章讲解GPT-4o的常用绘画风格。通过本章，我们可以全面了解GPT-4o在多种艺术表现形式中的创意输出，探索其在视觉艺术创作领域的无限可能性与跨界融合趋势。

## 6.1 传统风格

传统风格以历史悠久的绘画技法为基础，传承了古典艺术的精髓与严谨的手工技艺。GPT-4o在绘画方面的传统风格主要有以下9种。

### 6.1.1 水彩画

以其透明、流动的色彩表现著称。GPT-4o能够模拟水彩颜料在纸上晕染的自然流动和渐变效果，营造丰富的层次感和梦幻般的视觉效果。

水彩画

### 6.1.2 油画

以浓厚的质感和强烈的色彩对比著称。GPT-4o能够再现油彩画痕和笔触的细腻感，营造既厚重又充满情感张力的艺术效果。

油画

### 6.1.3 素描

利用光影变化和线条的粗细搭配，通过简洁的线条描绘物体的结构与形态。GPT-4o能够生成具有深度和力度的素描效果，捕捉现实中精致的细节与动态。

素描

## 6.1.4 彩铅

结合了彩色铅笔的细腻与柔和，适合表现柔美的轮廓和渐变色调。GPT-4o能够模拟彩铅的渐层渲染和混色效果，使作品清新、明快且富有层次感。

彩铅

## 6.1.5 东方水墨

讲究意境和留白，利用水墨晕染出的虚实变化表达自然的韵律和禅意。GPT-4o可重现墨色浓淡的层次变化和笔触挥洒的灵动意韵，传达东方传统艺术的深邃内涵。

东方水墨

## 6.1.6 手绘

强调个性化和人文气息，往往带有艺术家独特的手工笔触和感性表达力。GPT-4o通过模拟手绘线条的自然不均和随性的笔触，给人带来质朴且富有温度的视觉体验。

手绘

### 6.1.7 木刻画

有独特的纹理和历史韵味。GPT-4o在模拟木刻画时，能够再现木纹的质感及雕刻时的粗犷笔触，呈现一种具有传统工艺美感和文化沉淀的视觉效果。

木刻画

### 6.1.8 粉彩

以柔和、明亮的色调呈现轻盈梦幻的画面，常见于人物和风景作品。GPT-4o能够模拟粉彩的绵密质感和柔滑过渡，使作品在色彩上既温暖又具有丰富的艺术感染力。

粉彩

### 6.1.9 线条艺术

注重简约的线条勾勒，通过线条的粗细、曲直变化来表现物体的轮廓和结构。GPT-4o能够灵活运用线条，创作既富有现代感又不失艺术张力的图像，传递强烈的设计感与动态美。

线条艺术

## 6.1.10 壁画

起源于古代建筑装饰，画师在湿润的灰泥墙面上直接绘画，颜料与墙体结合后能长久保存。GPT-4o能够在数字画布上再现壁画与底材融合的厚重质感与古朴风貌，营造宏大而恒久的视觉效果。

壁画

## 6.2 现代流派风格

现代流派风格在传统风格的基础上进行创新和变革，更加注重对现实的感受与表达，探寻多元化和个性化的艺术表现，反映了当代艺术界不断变化和创新的趋势。

### 6.2.1 写实主义

强调对现实场景的精准再现，讲究光影、质感与细节的真实刻画。GPT-4o能够模拟真实世界的纹理和阴影处理效果，创造细腻、逼真的视觉效果，使画面更具说服力和生命力。

写实主义

### 6.2.2 印象派

追求捕捉瞬间光影和色彩的变化,作品风格松散而充满动感。GPT-4o能够运用点彩和模糊边缘的手法,再现印象派独特的视觉韵律,让画面充满韵味和微妙的情感波动。

印象派

### 6.2.3 后印象派

在继承印象派色彩表现的基础上,更注重形式和结构的创新。GPT-4o通过夸张的笔触和形状,能够展现对现实重构的艺术思考,赋予作品丰富的象征意义和情感表现。

后印象派

### 6.2.4 表现主义

注重情感的主观宣泄和内心世界的异化表达,经常用浓烈的色彩和变形的构图,传递强烈的情感冲击。GPT-4o通过模拟粗犷的笔触和夸张的色彩对比,展现一种原始且直接的情绪张力。

表现主义

### 6.2.5 抽象艺术

不拘泥于具体事物，通过形状、颜色、线条等元素表达内心情感或思想。GPT-4o能够灵活运用非具象语言创作出充满想象力的抽象图像，创造独一无二的艺术风格。

抽象艺术

### 6.2.6 现代抽象

在保持抽象艺术自由表达特性的基础上，更加注重整体构图与色块之间的关系。GPT-4o能够在色彩和形状的随机组合中，寻找平衡与韵律，创作富有现代感和独创性的艺术作品。

现代抽象

### 6.2.7 极简主义

追求"少即是多"的艺术理念，通过简单的形状和有限的色彩传递深刻的情感与思想。GPT-4o能够将繁杂的元素提炼成基本的几何形态，有既干净又充满内涵的视觉表达力。

极简主义

### 6.2.8 新艺术运动

强调曲线美和装饰性，借鉴自然形态和有机结构，展现优雅而流动的艺术风格。GPT-4o能够通过细腻的线条与流畅的曲线，营造一种既古典又创新的艺术氛围。

新艺术运动

### 6.2.9 几何艺术

以严谨的几何形状为基础，构建理性与秩序感十足的画面。GPT-4o能够根据数学与几何原理，精准组合形状与比例，展现既简洁又和谐的视觉美感。

几何艺术

### 6.2.10 现代写意

融入了传统写意的精髓，同时融合现代审美和表现技法，更加注重体现意境和情感。GPT-4o能够通过简洁而富有韵律的笔触，捕捉人物的瞬间情感和内心意境，赋予作品独特的艺术魅力。

现代写意

## 6.3 卡通风格

卡通风格以其夸张、富有趣味性的形象和生动的色彩组合受到大众喜爱，常用于动画、漫画和游戏美术等领域。GPT-4o能够展现卡通绘画的特点，比如夸张的表情、简化的形态及生动的场景设计，使作品充满活力和幽默感。

### 6.3.1 吉卜力

以温馨梦幻和细腻情感著称，常常展现充满自然魅力的奇幻世界。GPT-4o在模拟此风格时，注重柔和的色调与精致且细腻的场景描绘，唤起观众对美好童年的无限回忆。

吉卜力

### 6.3.2 迪士尼

充满童话色彩和魔幻故事感，角色设计通常具有夸张的表情和生动的肢体语言。GPT-4o在模拟此风格时，强调明亮的色彩和流畅的线条，使画面展现富有感染力和梦幻般的叙事性。

迪士尼

### 6.3.3 赛璐珞

以其干净利落的线条与平面化色块著称，常用于传统手绘动画中。GPT-4o能够模拟此风格特有的笔触与色彩分区效果，让作品既具复古韵味又不失现代卡通的趣味性。

赛璐珞

### 6.3.4 手绘漫画

强调自由奔放的线条和个性化的造型，往往通过夸张的表情和简洁的构图传递情感。GPT-4o在此风格的表现上，利用手工绘制的随性质感，呈现一种原生态的艺术气息和鲜明的人物个性。

手绘漫画

### 6.3.5 黑白漫画

以单色调及极富对比的明暗分割为特色，注重线条和阴影的表现，打造戏剧性的视觉冲击效果。GPT-4o擅长利用黑白对比的强烈冲击力，呈现既简洁又深沉的叙事风格，彰显角色的独特魅力。

黑白漫画

### 6.3.6　现代漫画

融合了传统手绘和数字绘画的技法，采用精致的构图和时尚的色彩搭配，充满动感和节奏。GPT-4o通过细腻的线条和鲜明的色调，重现现代漫画的时尚元素和多变情绪，满足现代人审美的需求。

现代漫画

### 6.3.7　游戏美术

结合了虚幻与现实，强调丰富的细节表现和视觉冲击，既有浓郁的故事性又充满现代科技感。GPT-4o能够构建具有沉浸感和高度互动性的场景，展现前沿的游戏美术风格，为数字娱乐注入独特的艺术魅力。

游戏美术

### 6.3.8　美式漫画

美式漫画以硬朗的线条、夸张的肌肉比例和强烈的光影对比著称，常见于漫威、DC等系列作品。GPT-4o能够在模拟此风格时，展现角色的动态张力和史诗般的场景构图。

美式漫画

## 6.4 数字3D艺术风格

数字3D艺术风格借助先进的计算机图形技术，实现立体空间与真实光影效果的完美融合。该部分涵盖了数字插画、3D渲染等多种风格，旨在探索数字时代中艺术表现的新边界和未来可能性。

### 6.4.1 数字插画

利用计算机软件展现丰富的色彩和细腻的画风，创作过程高效且无限制。GPT-4o通过高度模拟数字颜料与图层叠加技巧，能够创作既精细又充满创意的图像作品。

数字插画

### 6.4.2 3D渲染

强调立体感和真实光影，通过虚拟模型展示逼真的空间结构和材质细节。GPT-4o能够模拟光线追踪和反射折射等效果，让作品呈现接近现实拍摄的视觉真实感和立体感。

3D渲染

### 6.4.3 概念艺术

追求突破传统边界,以抽象和幻想为核心,常用于科幻和奇幻主题的预想设计。GPT-4o能够大胆组合色彩与构图,营造颠覆现实的梦幻视觉体验。

概念艺术

### 6.4.4 像素艺术

以低分辨率的方块构建图像,具有复古风格和独特的魅力。GPT-4o可以重现像素艺术中简单而富有表现力的图案与色彩组合效果,体现现代设计的趣味性。

像素艺术

## 6.5 超现实风格

超现实风格追求梦幻般的场景和颠覆常规的视觉体验,将现实与幻想巧妙融合,营造既神秘又奇幻的意境。该部分展示了不同的超现实风格的跨界探索,打破固有逻辑,以非凡手法呈现异世界的无限可能。

### 6.5.1 赛博朋克

以未来科技与都市底层生活为题材，通过霓虹灯光、冷峻线条和数字化元素构建出一个黑暗且未来感十足的世界。GPT-4o通过营造机械感与都市迷离的氛围，展现强烈的科技时代反乌托邦美学。

赛博朋克

### 6.5.2 蒸汽朋克

混合了工业时代的蒸汽机械与未来幻想的构想，呈现融合了复古与科技的独特美感。GPT-4o通过复杂的机械构造与复古色调，能够重现历史与未来碰撞出的奇妙火花，营造奇异而又充满故事感的视觉盛宴。

蒸汽朋克

### 6.5.3 未来主义

主张大胆前卫的设计语言和速度感的表达，聚焦于科技进步带来的全新生活方式。GPT-4o能够通过流畅的线条与动态构图，呈现快速变革的时代节奏和充满科技感的未来景象。

未来主义

### 6.5.4 科幻

注重虚构世界中的异想天开和超现实构想，融合未知元素和前沿科技，打造超乎想象的画面。GPT-4o能够通过夸张的视觉元素和奇幻色彩，营造充满未知魅力和视觉冲击力的未来场景。

科幻

### 6.5.5 霓虹

通过霓虹灯光的绚丽色彩和光影交错效果，为作品注入炫目的未来感和夜生活的繁华。GPT-4o能够通过鲜亮的色彩和流动的光线，再现都市夜景中魅力四射的氛围。

霓虹

### 6.5.6 超现实主义

借助梦境般的符号与荒诞的逻辑打破常规，表达人物内心深处的无意识世界。GPT-4o能够采用出乎意料的物象组合和变形比例，营造既神秘又引人深思的异域情感。

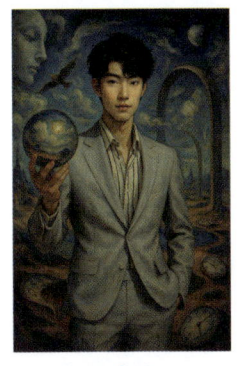

超现实主义

### 6.5.7 梦幻童话

充满魔幻色彩和温柔光影，常用来表达童话般的纯真与浪漫幻想。GPT-4o能够通过柔和的色彩和梦幻般的光影细节，构造充满诗意和魔法魅力的奇幻世界。

梦幻童话

### 6.5.8 神秘主义

注重营造神秘莫测和有隐晦象征的氛围，往往蕴含哲学思考与宗教象征。GPT-4o能够通过复杂的符号和阴暗的色调，传递迷离而深邃的宇宙观与情感特点。

神秘主义

### 6.5.9 极光

以自然界的绚丽极光为灵感，利用流动的光带与梦幻般的色彩，营造超现实的视觉奇观。GPT-4o能够捕捉光影变幻和色彩渐变效果，将天际异彩纷呈的壮丽景致跃然于画面之上。

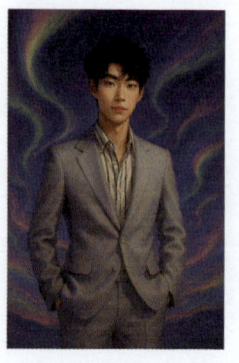

极光

## 6.5.10　生物机械朋克

融合了有机形态与机械结构，将肉体与机甲巧妙结合，呈现既科幻又具机能感的视觉效果，常见于赛博艺术与未来幻想题材。GPT-4o能够刻画扭曲的肌理与金属关节，体现人体与科技融合的边界与冲突。

生物机械朋克

## 6.6　街头复古风格

街头复古风格从街头文化和历史复古元素中汲取灵感，充满个性张扬和怀旧情怀。该部分结合了波普艺术、涂鸦等多种时尚元素，用大胆的图案和鲜活色彩展现街头文化的反叛精神与艺术独特性。

### 6.6.1　波普艺术

以大众文化和广告图像为创作素材，通过夸张的色彩和重复的图像展现现代生活的节奏。GPT-4o能够利用对比鲜明和充满活力的构图，展现现代都市的活力与幽默感。

波普艺术

### 6.6.2 现代波普艺术

既延续了传统波普艺术的思想，也融入了更多的时尚和科技元素，可展现当代城市文化的多元面貌。GPT-4o能够通过混合新、旧元素和前卫图形，呈现既怀旧又前卫的独特街头美学。

现代波普艺术

### 6.6.3 复古

以怀念过去的经典设计和色调为主，强调温暖的年代感和手工质感。GPT-4o能够模拟旧照片般的色调和颗粒感，重现特有的时光印记和情感记忆。

复古

### 6.6.4 怀旧

适用于唤起人们对过去时光的回忆，常用柔和的色调和经典元素来营造温馨的氛围。GPT-4o能够通过细腻的笔触和复古滤镜，赋予画面历史感与温暖的情感共鸣。

怀旧

### 6.6.5 潮流涂鸦

融合了街头艺术与现代创意,将随性涂鸦与设计美学巧妙结合,充满叛逆思想与活力。GPT-4o能够模拟此风格随意且自由的线条和色块,呈现一种突破常规、富有个性和时代气息的艺术风格。

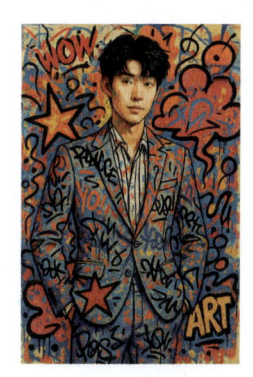

潮流涂鸦

### 6.6.6 时尚插画

讲究简洁流畅的线条与充满摩登感的色彩,常用于广告与流行文化传播。GPT-4o能够通过精致的构图和现代色彩搭配,捕捉时尚界的动感和前卫气息,为作品增添一份摩登韵律。

时尚插画

### 6.6.7 艺术拼贴

通过多样媒介和素材的组合,打破单一视觉的局限,创造丰富而独特的混搭风格。GPT-4o能够灵活运用不同的图像元素和重组结构,呈现既多元又统一的视觉盛宴。

艺术拼贴

### 6.6.8 复古嘻哈

以宽松的街舞服饰、老式卡带、涂鸦文字与霓虹色块为主要视觉元素,融合了嘻哈音乐的节奏感与街头精神。GPT-4o能够精准再现涂鸦墙面的质感,模拟粗犷的喷漆笔触与对比鲜明的色块搭配。

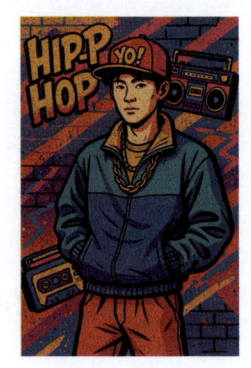

复古嘻哈

# 第 7 章

# AI视频创作

如今,众多视频创作平台(如抖音、快手、小红书、视频号、B站、视频号、今日头条等)的不断涌现,为这一内容盛行的时代注入了新的活力。本章讲解如何基于GPT-4o及多款其他AI工具进行视频创作。

## 7.1 确定主题

每个视频都应传达清晰的信息,这些信息既可以是具体、简单的,比如专业知识、日常生活记录、流程展示或技能演示,也可以是抽象、深邃的,比如细腻的情感、内心状态、情绪波动或深层次的思考。无论视频的主题是美妆、游戏、宠物、知识科普、情感表达、幽默搞笑、娱乐综艺,还是健身、舞蹈等,都要确保其中的画面能与观众建立真实而深刻的情感连接。

在视频具体主题的构建上,创作者往往围绕特定的事物或场景展开深入讨论,比如一项技能、一个生活场景或一个明确的事件。

对于抽象主题，则更注重捕捉与传达情感的微妙变化、触动心灵的瞬间或深刻的人生体验。即便核心内容相似，通过采用不同的表现手法，也会给观众带来截然不同的体验和感受，这正是视频内容呈现多样性与创意空间的重要体现。

接下来以"健身使我们成为更好的自己"为视频主题，展示如何通过不断挑战自我来实现成长与蜕变。

## 7.2 用DeepSeek撰写分镜脚本

选定主题后，下一步便是利用DeepSeek编写分镜脚本。创作者可以为DeepSeek提供一些基础设定或场景提示，由其自动生成台词和场景描述。这不仅有助于加速整个创作流程，还能为我们提供多元化的文案选择。

首先确定视频的总时长，然后构思基本的故事情节。

在DeepSeek的输入框中输入提示词：

> 创作一个总时长15秒的剧本，将其拆分为5个3秒的短视频，每个短视频都紧密相连，讲述一个男人在工作、社交及日常生活中逐步意识到健身的重要性。随着认知的不断加深，他开始尝试多种健身方式，通过持之以恒地锻炼实现自我蜕变，从而变得更加自信、充满活力

DeepSeek会生成如下分镜脚本：

#### 短视频1（0~3秒）：日常困顿

画面：清晨的都市楼宇中，一位西装革履的男士匆匆步入办公大楼，神情略显疲惫。

音效/字幕："一成不变的忙碌生活……"

#### 短视频2（3~6秒）：社交瞬间

画面：午间公司小聚，同事间轻松交谈。男主角低头微笑，旁边一位健康阳光的同事正展示健身成果。

对白/字幕："你看起来气色真好，有什么秘诀？"

#### 短视频3（6~9秒）：觉醒与启发

画面：男主角回到家，拿出手机浏览健身视频或朋友圈，眼神中闪过思索与启发。

音效/字幕："原来运动能改变一切……"

#### 短视频4（9~12秒）：积极尝试

画面：男主角换上运动装备，间接展示他尝试跑步、举铁、瑜伽等多种健身方式，每个动作都很坚定。

背景音乐：节奏感增强，象征活力与坚持。

#### 短视频5（12~15秒）：自信蜕变

画面：傍晚的镜子前，男主角面带自信微笑，身形焕然一新，背景中隐约出现"坚持"二字。

音效/字幕："活力重生，自信启航！"

DeepSeek生成的分镜脚本用短暂的15秒逐步展示了男主角从日常工作的倦怠到社交启发，再到主动尝试多种运动，最终实现自我蜕变的过程。如果对该分镜脚本不满意，则可以让DeepSeek重新生成。

## 7.3 确定格式

为了确保视频在各大视频创作平台上都能以最佳效果呈现，我们需要根据各平台的特点和用户习惯进行格式调整。

（1）抖音、快手、小红书、视频号。

- 推荐格式：竖屏（9∶16），分辨率建议为1080像素×1920像素。
- 特点：以移动端为主要播放渠道，竖屏格式更符合用户观看习惯，能够带来沉浸式体验。

（2）B站、视频号、今日头条。

- 推荐格式：横屏（16∶9），常见分辨率为1920像素×1080像素（Full HD）或更高分辨率。
- 推荐格式：大部分视频为横屏（16∶9），也可以针对移动用户推出竖屏版短视频（9∶16）。
- 特点：用户群体较为年轻，内容形式趋向多样化。

假设我们要制作用于B站推广的视频，那么需要指定GPT-4o生成16∶9的视频画面。关于B站的更多玩法，可参考《B站运营大揭秘》，如图7-1所示。

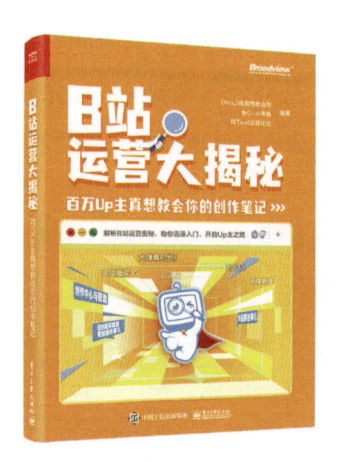

图 7-1

## 7.4 确定视频风格

为了确定视频风格，需要考虑以下几方面。

- 色调和光影：冷色调可以营造理性、沉稳的氛围，暖色调可以营造温暖、亲切的氛围。这里一开始可以采用冷色调和略显暗淡的光影，营造迷茫或疲惫的氛围，反映主角的初始状态。随着剧情的发展，逐渐过渡到明亮、饱满的暖色调，象征主角内心的觉醒和活力的提升。
- 动态构图与多角度拍摄：综合运用特写、半身和全景镜头，尤其是在展示健身动作时，采用快切和镜头跟随，捕捉运动细节和表情变化，营造紧凑而有张力的视觉节奏。
- 特效与滤镜应用：采用动态滤镜、渐变过渡、慢动作等视觉特效及滤镜，为视频增添艺术质感和时尚元素。

- **电影记录式风格**：以写实、自然的纪录方式呈现主角生活中的各个片段，从办公环境到日常社交，再到健身房或户外训练场景，展现主角真实的工作与生活状态。
- **励志转变叙事**：通过精心设计的镜头语言和过渡效果，讲述主角由内而外的变化。配合适宜的旁白或字幕，逐步刻画其从迷茫到觉醒再到自信崛起的过程。
- **视觉文字与动态图形**：可以在关键场景中加入励志文字或动态图标，强化主题信息，例如"转变""坚持""信心"等关键词，既呼应主题，又提升视觉吸引力。

## 7.5　用GPT-4o生成分镜图

这里根据7.2节生成的分镜脚本，再结合7.4节确定的视频风格，创建提示词和生成相应的画面。

### 分镜1：日常困顿

提示词：

> 清晨，都市高楼林立，西装革履的男主角"择天"匆匆步入办公大楼，神情疲惫，冷色调，阴天，柔和光影，远景拍摄，写实风格，电影质感，16∶9

GPT-4o生成的内容如图7-2所示。

图7-2

### 分镜2：社交瞬间

提示词：

> 午间，公司员工聚餐，健康阳光的同事展示健身成果，男主角"择天"低头微笑，暖色调，自然光，室内环境，中景拍摄，写实风格，电影质感，16:9

GPT-4o生成的内容如图7-3所示。

图7-3

### 分镜3：觉醒与启发

提示词：

> 夜晚，男主角"择天"在家中浏览健身视频，手机屏幕发出微光，房间昏暗，眼神中透露出思索与启发，冷暖色调过渡，近景拍摄，写实风格，电影质感，16∶9

GPT-4o生成的内容如图7-4所示。

图7-4

### 分镜4：积极尝试

提示词：

> 男主角"择天"换上运动装备，尝试跑步、举重、瑜伽等多种健身方式，每个动作都很坚定，快节奏剪辑，镜头跟随，明亮饱满色调，多角度拍摄，写实风格，电影质感，16∶9

GPT-4o生成的内容如图7-5所示。

图7-5

**分镜5：自信蜕变**

提示词：

> 男主角"择天"站在镜子前，面带自信微笑，身形焕然一新，背景中隐约出现"坚持"二字，暖色调，金色夕阳，柔和光影，中近景拍摄，写实风格，电影质感，16∶9

GPT-4o生成的内容如图7-6所示。

图7-6

## 7.6 用即梦生成视频片段

即梦是一个基于人工智能和智能算法的视频生成平台,专注于从概念到视频片段的高效转换。通过接收我们提供的文本、图像或场景设定,即梦能够迅速合成满足我们创作意图的动态视频画面,不仅大大提升了视频创作效率,也为短视频、广告预告及其他创意展示提供了丰富的视觉表现手段。此外,即梦在场景模拟和视觉效果呈现方面具有独特优势,有助于我们在创作初期迅速验证构思,获得多样化的灵感激发。

打开即梦官网,如图7-7所示。